U0221586

光电材料表征技术

季振国　等著

杭州电子科技大学

ZHEJIANG UNIVERSITY PRESS
浙江大学出版社

图书在版编目(CIP)数据

光电材料表征技术 / 季振国等著. —杭州:浙江
大学出版社,2022.1(2022.7 重印)
ISBN 978-7-308-21953-2

Ⅰ.①光…　Ⅱ.①季…　Ⅲ.①光电材料—研究
Ⅳ.①TN204

中国版本图书馆 CIP 数据核字(2021)第 230177 号

光电材料表征技术

季振国　等著

责任编辑	金佩雯	
责任校对	潘晶晶	
封面设计	雷建军	
出版发行	浙江大学出版社	
	(杭州市天目山路 148 号　邮政编码 310007)	
	(网址:http://www.zjupress.com)	
排　　版	杭州星云光电图文制作有限公司	
印　　刷	杭州高腾印务有限公司	
开　　本	710mm×1000mm　1/16	
印　　张	15.25	
字　　数	300 千	
版 印 次	2022 年 1 月第 1 版　2022 年 7 月第 2 次印刷	
书　　号	ISBN 978-7-308-21953-2	
定　　价	78.00 元	

版权所有 翻印必究　印装差错 负责调换

浙江大学出版社市场运营中心联系方式:(0571)88925591;http://zjdxcbs.tmall.com

前　言

　　材料表征技术是材料研究的重要手段,使用合适的分析测试手段是获得材料信息的关键。本人从事测试材料教学和研究工作近四十年,一直希望能够在退休前将自己积累的经验教训整理成文,与广大材料科学研究人员和学生分享,如今终于完成这一心愿。

　　综观材料表征技术方面的著作和教材,往往过多地描述具体仪器设备的工作原理和结构部件,如十分复杂的电器系统、机械系统、光学系统、真空系统等,比较适合仪器设备操作管理人员使用。然而,对于材料研究人员和学生来说,更重要的是了解各种仪器设备可以用来表征哪些材料参数及其适用范围。因此,本书从材料专业的特点出发,介绍光电材料各种参数的表征方法,并以材料参数为章节进行描述,让读者了解某个材料参数可以用哪些表征手段进行表征,而对具体仪器设备的工作原理和结构只做简单且必要的介绍。

　　本书的内容主要涉及光电材料的表征,但是相关表征技术并不局限于光电材料,原则上也可用于其他材料的表征。本书主要供材料领域研究人员参考,也可作为材料学科研究生和高年级本科生相关课程的教材与参考书。

　　由于本书涉及面很广,加上本人水平有限,书中难免存在不少错误和不当之处,敬请各位读者谅解。

　　毛启楠、李阳阳、熊琴琴和席俊华等参与了部分章节的撰写并提供了部分实验数据,特此感谢。

季振国

目　录

第1章　元素成分分析

1.1　X射线荧光光谱

X射线荧光光谱(X-ray fluorescence spectroscopy,XRF)是指试样在X射线照射下激发出X射线光谱,用以确定化学元素和含量的方法。XRF也可指代X射线荧光光谱仪。

1.1.1　X射线源

(1)基本原理

1895年,德国物理学家伦琴(Roentgen)在研究阴极射线时发现了一种尚未为人所知的射线,称其为X射线。他发现X射线可以穿透书本、木板、橡皮甚至薄的铝板,也可以穿透肌肉组织,照出人体骨头的轮廓。在X射线发生器(图1.1)中,一束高能电子束(典型值为30~50keV)入射至金属靶材,即可发射出X射线。由于早期X射线发生器的外壳为玻璃管,因此一般将这种X射线发生器称为X射线管。

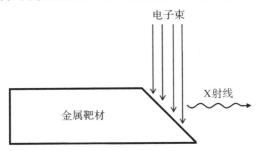

图1.1　X射线发生器示意

15keV 电子束轰击 Cu 靶发出的 X 射线强度谱如图 1.2 所示。该 X 射线谱存在两个尖锐的强峰,即 Cu K_α 和 Cu K_β。这两个峰是由原子中的电子从较高能级跃迁到较低能级所引起的,其峰值能量等于电子两个能级的能量差,即

$$h\nu = E_2 - E_1 \tag{1.1}$$

式中,h 为普朗克常数,ν 为光子的频率,E_1 和 E_2 分别为较低和较高能级电子的能量。

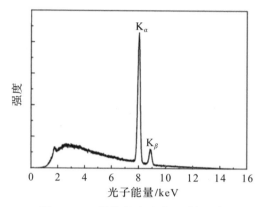

图 1.2　X 射线管发出的 X 射线谱

由于不同原子中电子能级各不相同,因此不同原子发出的 X 射线的能量也不相同。这种 X 射线峰包含了元素的特征,所以这种 X 射线称为特征 X 射线。特征 X 射线可用于鉴别材料的元素成分及确定含量,也可用作晶体结构分析的激发光源。特征 X 射线对应的波长 λ 与 X 射线光子的能量 $h\nu$ 之间的关系如下:

$$\lambda = \frac{1240}{h\nu} \tag{1.2}$$

式中,λ 的单位为 nm,$h\nu$ 的单位为 eV。

特征 X 射线一般根据电子跃迁涉及的原子光谱能级进行分类。根据原子物理学,电子的光谱学能级用大写字母表示,如 K、L、M、N、O 分别表示主量子数 $n=1,2,3,4,5$ 的能级。K、L、M、N 能级和原子光谱如图 1.3 所示。

电子从较高能级跃迁到 K 能级($n=1$)所引起的 X 射线辐射称为 K 系特征 X 射线。例如,由 L→K 跃迁产生的 X 射线称为 K_α 系特征 X 射线,由 M→K 跃迁产生的 X 射线称为 K_β 系特征 X 射线(图 1.4)。一般情况下,特征 X 射线中 K_α 系辐射强度远远高于其他系列,如 K_α 系辐射强度大约为 K_β 系辐射强度的 5 倍。因此,若作为 X 射线源,除非特别需要,一般均采用 K_α 系辐射。

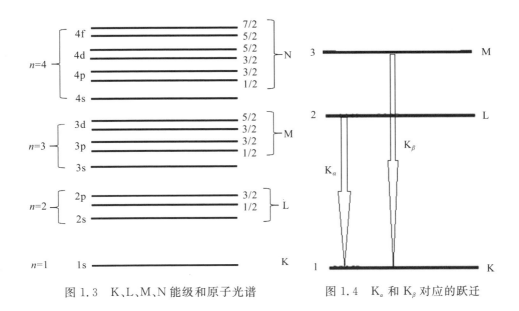

图 1.3 K、L、M、N 能级和原子光谱 　　　　图 1.4 K_{α} 和 K_{β} 对应的跃迁

由于电子自旋,p、d、f 等电子轨道会发生自旋轨道分裂,因此原子发射出的特征 X 射线往往由两条靠得很近的光谱线组成。如 K_{α} 实际上由两条靠得很近的 $K_{\alpha 1}$ 和 $K_{\alpha 2}$ 组成,两者的强度比一般为 $100:50$。对于常用的 Cu 靶辐射,特征谱线 $K_{\alpha 1}$ 和 $K_{\alpha 2}$ 波长分别为 0.1541nm 和 0.1544nm(表 1.1)。

表 1.1　常用靶材的特征谱线参数

原子	序数	K 系特征 X 射线波长/nm				最低激发电压/kV	常用工作电压/kV
		$K_{\alpha 1}$	$K_{\alpha 2}$	K_{α}	K_{β}		
Cr	24	0.22896	0.22935	0.22909	0.20848	5.89	>20
Fe	26	0.19360	0.19399	0.19370	0.17565	7.10	>25
Co	27	0.77889	0.17928	0.17902	0.16207	7.71	>30
Ni	28	0.16578	0.16617	0.16591	0.15001	8.29	>30
Cu	29	0.15405	0.15443	0.15418	0.13922	8.86	>35
Mo	42	0.07093	0.07135	0.07017	0.06323	20.0	>50
Ag	47	0.05594	0.05638	0.05609	0.04970	25.5	>55

(2)特征 X 射线产额

受激电子从较高能级向下跃迁时,既可以通过辐射 X 射线释放能量,也可以激发其他电子(如俄歇电子)进入较高的能级。一般来说,较重的原子发出 X 射线荧光的概率较高,而较轻的原子发出俄歇电子的概率较高。X 射线荧光产额和俄歇电子产额与原子序数的关系如图 1.5 所示。对于原子序数大于 50 的重元素,X射线荧光的产额接近 1;对于原子序数小于 15 的轻元素,俄歇电子的产额接近 1。有关俄歇电子能谱的情况将在第 1.4 节介绍。

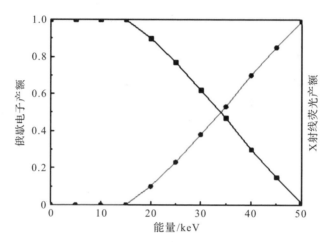

图 1.5　X 射线荧光产额和俄歇电子产额与原子序数的关系

(3)X 射线滤光片

从图 1.2 可见,在 Cu 靶发出的特征 X 射线中,除了 K_α 外还有能量较高的 K_β,这对很多衍射相关的实验是不利的。为了抑制 K_β 辐射,一般在光源的出射口放置一个原子序数比靶材原子序数小 1 的材料作为滤光片,以滤除 K_β 射线。例如,Cu K_α 射线波长为 0.154nm,对应的能量为 8042eV;Cu K_β 射线波长为 0.139nm,对应的能量为 8904eV;而 Ni(原子序数比 Cu 小 1)的 K 吸收边的波长为 0.145nm,对应的能量为 8552eV。从能量上看,Ni 的 K 吸收边可以吸收能量比它高的 Cu K_β 射线,但不会吸收能量比它低的 Cu K_α 射线,因此,可以在出射光路中插入金属 Ni 片以滤除 Cu K_β 射线。

在常规的 X 射线衍射仪中,一般会在 Cu 靶 X 射线管的出射狭缝后设置一片适当厚度的金属 Ni 片。Ni 片可以吸收 Cu 靶发出的绝大部分 K_β 射线(图 1.6),当然也可以吸收能量高于 Ni K_α 吸收边(图 1.7)的韧致辐射(将在第 1.1.2 节介绍),使得通过 Ni 片后的 Cu 靶 X 射线只剩下 Cu K_α 的辐射和能量低于 Ni K_α 吸收边的韧致辐射。

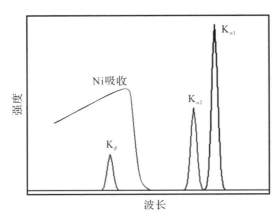

图 1.6　利用 Ni 片吸收 Cu K_β 射线

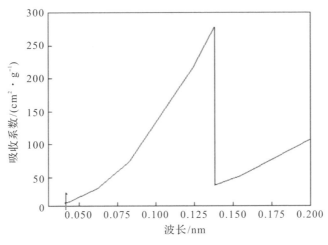

图 1.7　Ni K_a 吸收边

Cu K_a 射线实际上是由 Cu K_{a1} 和 Cu K_{a2} 两条谱线组成的,但是它们靠得太近,以至于无法通过 Ni 片滤除。所以要获得更高的单色性,必须采用由衍射晶体构成的单色器滤除 Cu K_{a2},以获取纯粹的 Cu K_{a1} 输出。衍射晶体单色器将在第 1.1.8 节介绍。

1.1.2　韧致辐射

根据经典电动力学,带电粒子做加速或减速运动时会发射波长连续的电磁波,这种辐射称为韧致辐射。

(1)电子-原子碰撞

高速运动的电子与金属靶材中的原子碰撞,导致速度骤降,多余的能量除了以特征 X 射线、俄歇电子和热辐射等形式释放外,还可以韧致辐射的形式释放。实际上,除了特征 X 射线外,X 射线管发出的 X 射线中还存在强度缓慢变化的韧致辐射(图 1.2)。与特征 X 射线相比,韧致辐射的强度一般较弱,且波长(能量)分布范围很宽,因此常以背景辐射的形式存在。韧致辐射 X 射线的最大能量等于入射电子的能量,因此韧致辐射有一个波长极小值,即截止波长。

假设电子的加速电压为 V,则靶材发出的 X 射线的光子能量最大值为 eV,因此韧致辐射的最短波长 λ_0 为

$$\lambda_0 = \frac{c}{\nu} = \frac{hc}{h\nu} = \frac{hc}{eV} \tag{1.3}$$

式中,h 为普朗克常数,ν 为 X 射线频率,c 为真空中的光速,e 为电子电荷。

常规 X 射线管产生的韧致辐射与特征 X 射线相比,不但强度低,而且波长分布范围广,因此这种韧致辐射很难在元素分析或者晶相分析中得到实际应用。

(2)正负电子对撞机

不仅电子被原子减速能够产生韧致辐射,正负电子对撞也可以产生韧致辐射。

正负电子对撞机如图 1.8 所示,经直线加速器加速后获得接近光速运动的正电子束和负电子束分别导入圆环形的存储环,两者运动方向相反。当两者在存储环内发生碰撞时,两种带电粒子均突然减速,由此产生韧致辐射。由于两束粒子能量高、强度大,因此正负电子对撞机产生的韧致辐射强度很高,而且波长分布范围很广。通过单色器可以选取不同波长的单色 X 射线用于科学研究。

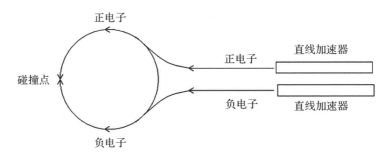

图 1.8　正负电子对撞机

正负电子均做圆周运动时,这种运动本身也会产生韧致辐射。因此原则上存储环的其他地方也有韧致辐射存在,虽然与碰撞产生的韧致辐射相比强度要小得

多,但是仍可以用于科学研究。当然,主要的辐射产生在正负电子对撞发生处。

(3)同步辐射

匀速圆周运动本质上也是加速运动,因此即使没有发生碰撞,仅做高速匀速圆周运动的电子也能辐射 X 射线,这种辐射即同步辐射(图 1.9)。同步辐射是一种轫致辐射。在实际的同步辐射装置中,接近光束运行的电子在储存环中做匀速圆周运动,辐射出波长连续分布的轫致辐射。与正负电子对撞机发出的 X 射线辐射一样,这种辐射必须通过单色器把所需波长的 X 射线分离出来。同步辐射的 X 射线波长连续可调,强度很高且很稳定,非常适合进行各种材料科学实验。

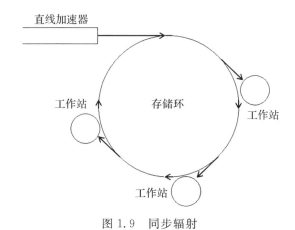

图 1.9　同步辐射

(4)三种 X 射线源的优缺点

上面讲述的三种形式 X 射线源中,虽然后两种辐射具有强度大、波长连续可调等特点,但是建设和维持费用十分昂贵,世界上只有为数不多的同步辐射中心和正负电子对撞机,去同步辐射工作站往往需要提前半年至一年进行预约,所以目前实验室最常用的仍然是 X 射线管,即电子-原子碰撞。由于 X 射线光学技术如高性能单色器、X 射线聚光镜、索拉狭缝等快速发展,实验室用的 X 射线源也越来越先进。但是与同步辐射相比,实验室用的 X 射线管的波长选择性、强度、单色性等性能仍不能与同步辐射产生的 X 射线相比。

1.1.3　X 射线荧光光谱仪的基本原理

当 X 射线、电子束等高能激发源发出的射线或粒子束照射到样品上时,样品中的电子因受激而进入较高能级。当电子返回基态时,若多余的能量以光子形式释放,且能量范围处于 X 射线波段,即可发出前述与元素相关的特征 X 射线。特征 X 射线的能量与电子跃迁的两个能级的能量差相关,不同原子发出的特征 X 射线的能量各不相同。因此,通过分析特征 X 射线的能量或者波长分布情况,即可了解样品中元素的种类。进一步通过分析特征 X 射线的强度,可以获得样品中各成分的含量,这种成分分析方法即 X 射线荧光光谱法。

根据激发源的不同,XRF 主要分为 X 射线激发 XRF 和电子束激发 XRF。根据 X 射线分析器的不同,XRF 主要分为波长色散型 XRF(wavelength dispersive XRF,WDXRF)和能量色散型 XRF(energy dispersive XRF,EDXRF)。

(1)波长色散型 XRF

波长色散型 XRF 的基本原理是利用 X 射线的晶体衍射原理,通过分析晶体(单色器)把样品发出的 X 射线荧光按波长分开,记录其强度随波长的分布情况,由此获得样品中存在的元素种类及各元素含量信息。

波长色散型 XRF 的基本结构如图 1.10 所示。X 射线管发出的 X 射线经滤波片滤波后照射到样品上,产生与样品中元素对应的特征 X 射线。样品发出的 X 射线经准直器后进入分析晶体单色器,利用单色器和狭缝选出特定波长的 X 射线,进入 X 射线探测器接收转换后送到数据系统,得到 X 射线荧光随波长分布的 XRF 谱。

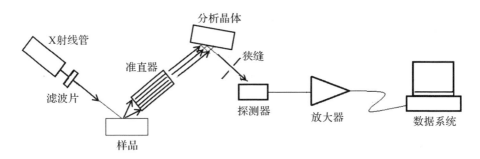

图 1.10　波长色散型 XRF

波长色散型 XRF 的核心是 X 射线晶体单色器。从固体物理学原理可知,当一束单色 X 射线入射到单晶体上时,在满足布拉格(Bragg)衍射公式的角度方向上会产生衍射极大值,即

$$2d\sin\theta = n\lambda \quad (n=1,2,\cdots) \tag{1.4}$$

式中,d 为晶格参数,2θ 为衍射角(图 1.11)。有关 X 射线衍射的详细内容请参见第 2.7 节和第 3.2 节。

布拉格公式表明,假如晶格常数不变,当衍射角 2θ 变化时,对应的满足衍射加强

的波长也会发生变化。因此,转动分析晶体的
角度,即可选出特定波长的 X 射线,使其通过
狭缝进入探测器,以达到波长色散的目的。

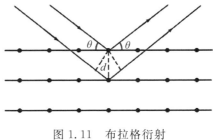

图 1.11 布拉格衍射

波长色散型 XRF 具有灵敏度高、波长分
辨率好、分析精度优等特点,而且对轻元素分
析的灵敏度也较能量色散型 XRF 高。但是
波长色散型 XRF 在收集数据时需要转动衍
射晶体以扫描波长,分析速度较慢,而且仪器
的价格较高,设备体积较大,因此主要用于高精度成分分析。

(2)能量色散型 XRF

能量色散型 XRF 的结构如图 1.12 所示。X 射线管发出的 X 射线经滤波片
后照射到样品上,产生与样品中各原子对应的特征 X 射线,经准直后利用半导体
能量分析器探测 X 射线。半导体探测器中每个入射的 X 光子都能产生一个电子
脉冲,其高度与入射 X 射线的能量成正比。因此,利用多道脉冲分析器分析脉冲
高度,并按脉冲高度统计脉冲数,即可获得 X 射线的能量分布信息。

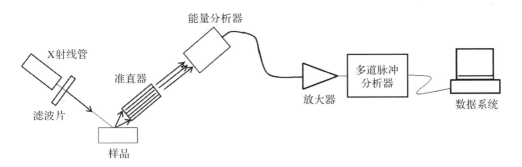

图 1.12 能量色散型 XRF

目前常用的半导体 X 射线探测器为 Si 漂移探测器(silicon drift detector,
SDD)。X 射线进入探测器后,激发 Si(Li)晶体内的价带电子进入导带,产生一定
数量的电子空穴对。假如产生一个电子空穴对的最低平均能量 E_0 是确定的,且 X
光子的能量全部转化为电子空穴对,则一个 X 光子能够产生的电子空穴对数量为

$$N = \frac{h\nu}{E_0} \tag{1.5}$$

入射 X 光子的能量越高,电子空穴对数量 N 就越大,对应的电流脉冲高度也
越高。因此,通过分析晶体内产生的电子空穴对的脉冲高度,可获得一个 X 光子

产生的电子空穴对数量 N,由式(1.5)即可得入射 X 光子的能量。

电子空穴对产生的电流脉冲经放大后,转换成电压脉冲,进入多道脉冲高度分析器,按脉冲高度(相当于 N 或 $h\nu$)进行分类计数。由式(1.5)可知,相同高度的电流脉冲代表相同的 X 光子能量,这样就可以获得以脉冲高度(即 $h\nu$)为横坐标,以相同脉冲高度的数量(即强度)为纵坐标的 X 射线能谱。图 1.13 和图 1.14 给出了从电流脉冲转换到能谱的示意图,注意图 1.13 中脉冲高度相当于入射光子的能量。

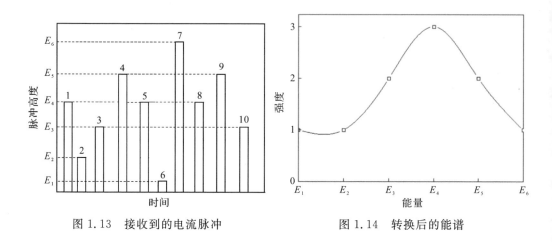

图 1.13　接收到的电流脉冲　　　　图 1.14　转换后的能谱

能量色散型 XRF 可以一次收集所有能量的 X 射线,因此扫描速度快、探测效率高;而且 SDD 具有体积小、功耗低、不需要液氮冷却等优点,非常适合用于制作便携式 XRF 设备。

由于不同 X 光子产生的脉冲有可能发生重叠,加速产生的电子空穴对数量也存在统计误差,因此能量色散型 XRF 的能量分辨率比波长色散型 XRF 差。另外,由于轻元素发出的 X 射线的能量较小,透入晶体的能力较差,因此其产生的电子空穴对数量也较少,所以能量色散型 XRF 对轻元素的探测灵敏度不如波长色散型 XRF。

(3)电子束激发的 XRF

以上介绍了 X 射线激发的 XRF,但实际上 XRF 也可以通过电子束激发。不少扫描电子显微镜(scanning electron microscope,SEM)中往往配有电子束激发的 XRF 单元,用于成分分析,即能量色散谱(energy dispersive spectroscopy, EDS)。

电子束激发的 XRF 的结构与图 1.12 相似,只要把其中的 X 射线管换成电子束即可。

与 X 射线激发的 XRF 不同,电子束激发的 XRF 有以下特点。由于测量是在高真空状态下进行的,如果配置的 X 射线探测器对轻元素的灵敏度足够高,则可以分析轻元素(一般要求原子序数大于 5,如 C、N、O)。这些元素对于新材料研究而言非常重要,但是 X 射线激发的 XRF 往往对这些元素不够敏感,一般只能分析原子序数大于 11 甚至更大的金属元素(如 Na)。

由于电子束可以聚焦,而且可以线扫描和面扫描,因此电子束激发的 XRF 可以进行元素的点分析、线扫描、面分布等。另外,电子束能量可以调节,由此可以探测不同深度的成分,进行成分深度剖析。

1.1.4　元素浓度

不同的原子有不同的电子结构,因此在特定能量的 X 射线激发下,不同元素发出的 X 荧光的能量和强度各不相同。衡量元素发出的 X 荧光强度的参数为荧光产额,或者灵敏度因子。为统一起见,本书统一采用灵敏度因子 S 表示产额,即单位入射粒子产生的二次粒子数量。元素的光电子灵敏度因子、俄歇电子灵敏度因子等同理。

假定样品中存在 N 种元素,某元素 i 的灵敏度因子为 S_i,浓度为 C_i,测量到的 X 荧光峰强度(高度或者面积)为 A_i,则元素 i 的浓度为

$$C_i = \frac{A_i/S_i}{\sum_{i=1}^{N}(A_i/S_i)} \tag{1.6}$$

某 FeCrMoNi 不锈钢材料的 EDS 谱中[1],存在 Fe、Cr、Ni、Mo、Si、C 等杂质元素(图 1.15)。根据各元素对应的峰面积及各峰对应的灵敏度因子,可通过式(1.6)获得材料中各元素的浓度。注意,利用式(1.6)计算浓度时,每个元素只能取一个峰。

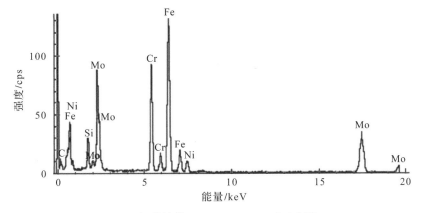

cps—每秒计数(counts per second)(后同)

图 1.15　FeCrMoNi 不锈钢的 EDS 谱

目前商品化的 XRF 均带有完整的数据系统,扫描完成后即可通过分析软件自动鉴别元素,给出样品中存在的各种元素及其相对含量等信息。但是,如果不同元素的峰有重叠,则可能导致分析软件计算的浓度发生偏差,这种情况下,可以在手动计算峰面积后人工计算元素的浓度。

1.1.5　线扫描和面分布

由于 X 射线聚焦困难,而且束斑一般都在 $1\mu m$ 数量级以上,因此一般只能对微米尺度的物体进行扫描,不适合进行材料的微观结构分析。XRF 像非常适合尺寸较大的物体的元素面分布分析,如印刷线路板等。某油画局部区域的 XRF 像如图 1.16 所示[2]。

(a) 腐蚀后样品表面的光学照片　　　(b) 同一样品的 Fe-K 的 XRF 线扫描结果

图 1.16　某油画局部区域的 XRF 像

要获得更高分辨率的 XRF 像,必须使用电子束激发的 XRF,即电子显微镜中的 EDS。目前电子束的束斑已经可达 nm 数量级。真空烧结的 AZO 陶瓷靶材的表面成分分布如图 1.17 所示,Al 的分布并不非常均匀[3]。

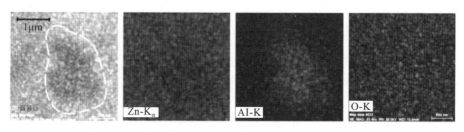

图 1.17　真空烧结的 AZO 陶瓷靶材的表面成分分布

1.1.6　影响定量分析的因素

(1)基体效应

前面我们讲过,通过在 X 光路中设置一块 Ni 片,即可以吸收 Cu 靶发出的 $Cu K_\beta$ 射线。同样,如果入射 X 射线的能量正好大于样品中某一元素的吸收边,则入射 X

射线将被该元素有效吸收,导致该元素发出的特征 X 射线的强度异常增大。如果样品中某一元素发出的特征 X 射线刚好被样品中另一元素有效吸收,则该元素发出的荧光强度将大幅度下降。这两种吸收有时会导致成分分析结构产生很大误差,因此应该十分注意样品中是否存在这类相关的元素。某些谱仪的数据处理软件中含有处理这种基体效应的程序,可以通过自洽过程修正由样品内部吸收引起的误差。

实际操作时,我们可以通过几种方法避免或者降低基体效应的影响。①采用与待测样品成分接近的标准样品进行校正。②通过手动方法计算成分,避开可能被样品中其他元素吸收的荧光峰。例如 Cu K_β 射线会被 Ni 元素吸收,因此不能利用 Cu K_β 峰计算含 Ni 样品中 Cu 的含量。③通过全反射 XRF,样品表面发出的 X 射线荧光几乎不被吸收地逸出表面,因而可极大地降低基体的吸收效应。全反射 XRF 将在第 1.1.7 节具体介绍。

(2)样品物理状态引起的误差

实验发现,样品的粒度、均匀性、致密度、结构和形貌等也会对定量分析结构造成影响。要严格按照制样要求制备样品,必要时需通过粒度、均匀性、结构、形貌、密度相近的标准样品进行标定。

(3)环境气氛的影响

不少 X 射线激发的 XRF 测量是在大气环境或惰性气体环境下进行的。空气中的原子吸收入射的 X 射线后也会产生 X 荧光,例如 Ar 就经常出现在 X 射线激发的 XRF 谱线中。我们在空气中测量的 304 不锈钢的 XRF 谱如图 1.18 所示,可见在谱线中存在 Ar 对应的 X 荧光峰。

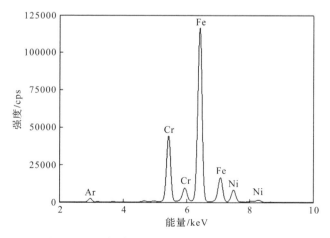

图 1.18 空气中测量的 304 不锈钢的 XRF 谱

1.1.7 掠入射/全反射 X 射线荧光

常规的 XRF 分析中,激发源的能量在 10keV 数量级。由于 10keV 数量级能量的 X 射线透入深度很深,因此在利用 XRF 分析薄膜材料时往往也会探测到衬底的信号。如果薄膜材料的元素成分与衬底材料的元素成分没有重叠,问题还不大;如果两者有相同的元素,则无法区分该元素的信号是来自衬底还是薄膜。另一方面,如前所述,基体效应会影响 XRF 的分析精度,如果 XRF 信号仅仅来自材料表面极薄的一层,X 射线从表面出射时几乎不经散射和吸收,则可以大大抑制基体效应。

通过小角度入射可以使得 X 射线的透入深度明显减小,因而可以大大降低基体效应的影响,特别是对于薄膜样品,可以有效消除衬底的影响。如果 X 射线源的角度可以精确调节,则可能通过掠入射 XRF(glancing incident XRF,GIXRF)或全反射 XRF(total reflection XRF,TRXRF)测量薄膜的成分,以消除基体效应和衬底的影响。

X 射线在空气中的折射率等于 1,在固体材料中的折射率非常接近 1 而小于 1。因此,当 X 射线从空气入射到薄膜内部时,可能发生全反射现象,导致其透入深度大幅下降。

根据光学折射原理,界面两侧入射角和折射率之间有以下关系:
$$n_a \sin\alpha = n_s \sin\beta \tag{1.7}$$
式中,n_a 为空气对 X 射线的折射率,n_s 为固体对 X 射线的折射率,α 为入射角,β 为折射角(图 1.19)。当 $\beta = 90°$ 时,即满足全反射条件。此时,X 射线只入射到固体表面极薄的一层,其余全部返回到空气中。

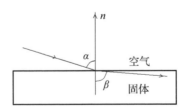

图 1.19　X 射线全反射示意

发生全反射对应的临界入射角为
$$\sin\alpha = \frac{n_s}{n_a} \tag{1.8}$$
入射 X 射线激发的仅仅是非常薄的表面,由此可以大大降低基体效应的影响,提高数据的信背比。更重要的是,对于薄膜来说,可以完全去除来自衬底的信号,大幅提升分析精度和检测灵敏度。此方法也可用于固体表面液体膜的成分测量。

由于对 X 射线而言,空气和固体介质的折射率相差很小,因此入射角要非常接近 90°才可能实现全反射。也就是说,要使得 X 射线发生全反射,入射光线几乎与固体表面平行。对于大多数材料,10keV 数量级的 X 射线在固体表面发生全反射的角度大概为 89.5°~90°。能量为 9keV 的 X 射线在 Ni 膜表面的全反射谱如图 1.20 所示,全反射角仅为 0.2°(相当于入射角 89.8°)。入射角小于或者大于这个角度时,反射强度迅速下降。因此,全反射 XRF 必须配备精度很高的入射位置和角度的控制器,可精确调节到全反射条件满足,此时 X 射线入射深度最浅。

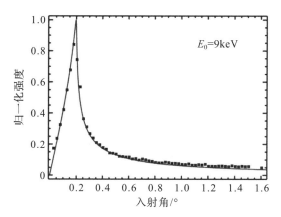

图 1.20　能量为 9keV 的 X 射线在 Ni 膜表面的全反射谱

一般情况下,入射角不一定正好等于全反射角。但是,小角度入射仍然可以有效抑制基体效应和衬底信号的影响。对于 X 荧光来说,其在固体中传输时,强度会发生衰减,其衰减程度与距离有关。假如 X 荧光为正出射,则从深度 d 发出的 X 荧光离开表面时的强度为

$$I = I_0 e^{-\frac{\mu}{\rho}d} \tag{1.9}$$

式中,μ 为 X 射线在样品中的质量衰减系数,ρ 为样品的密度。由于在全反射 XRF 中,X 射线的透入深度很浅,因此能够激发的区域也局限于样品的表面层,即深度 d 极小。根据式(1.9)可知,此时对任何元素发出的 X 荧光,其强度基本不受基体效应的影响,即 $I \approx I_0$。

沉积于 GaN 上的 10nm-Al_2O_3 薄膜的掠入射 XRF 谱如图 1.21 所示[4]。当入

射角小于 0.5°时，Ga L_α 荧光峰的强度几乎为 0，即衬底信号几乎完全被抑制。因此，只要入射角小于 0.5°，测量到的 X 荧光信号就完全来自薄膜。

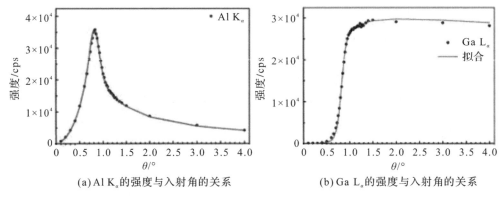

(a) Al K_α 的强度与入射角的关系　　(b) Ga L_α 的强度与入射角的关系

图 1.21　10nm-Al_2O_3/GaN 薄膜的掠入射 XRF 谱

XRF 很难调节入射 X 射线的入射角，一般也不具备调节样品角度的装置。此时我们可以自己制作一个简单的样品架，使得入射 X 射线以尽可能小的角度掠入射，以便减小 X 射线的透入深度，减小甚至完全消除衬底信号的影响（图 1.22）。

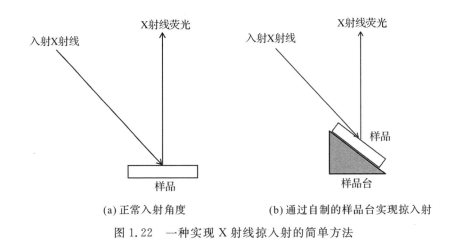

(a) 正常入射角度　　　　　(b) 通过自制的样品台实现掠入射

图 1.22　一种实现 X 射线掠入射的简单方法

1.1.8　单色光源 X 射线荧光

除了特征 X 射线外，普通的 X 射线源发出的韧致辐射同样也能激发薄膜中的原子发出 X 荧光，使得 XRF 谱中的信号强度受到不同程度的影响，从而导致定量分析精确度下降。同时,部分低能量的韧致辐射经样品散射后可能进入探测器,形成谱线的背景信号,影响 XRF 的检测极限。通过把入射的 X 射线单色化,可在很大程度上解决上述问题。

获得单色光源 XRF 有两种方式。一种是在常规 XRF 上增加一块作为单色器的晶体,常规 X 射线管发出的 X 射线通过晶体衍射后即获得单色 X 射线。但是由于单色化的 X 射线信号强度降低,因此 XRF 信号绝对值有所下降,不过背景信号也大幅下降,从整体上看,信背比是提高的。另一种方式是利用同步辐射光源经晶体衍射单色器后输出特定波长的 X 射线,从而进行 XRF 实验。由于同步辐射的 X 射线强度较高,因此 XRF 的检测极限可以进一步降低。

单一晶体的 X 射线衍射晶体单色器如图 1.23 所示。对于常规 X 射线源,K_β 波长最短,$K_{\alpha 1}$ 次之,$K_{\alpha 2}$ 最长,因此 $K_{\alpha 2}$ 对应的衍射角最小,$K_{\alpha 1}$ 次之,K_β 最大。把狭缝放置在与 $K_{\alpha 1}$ 衍射极大对应的角度位置,则只有 $K_{\alpha 1}$ 可以通过狭缝,而 $K_{\alpha 2}$ 和 K_β 由于衍射方向不符合而无法通过狭缝,以此达到光源单色化的目的。

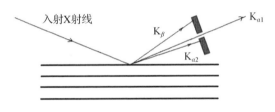

图 1.23 单一晶体单色器

如果经过一个晶体衍射后的 X 射线的单色性仍不能满足要求,则可以通过两个甚至多个晶体衍射,提高 X 射线的单色性。双晶体衍射单色器如图 1.24 所示。不难看出,双晶体单色器有一个明显的特点:入射光源和出射光源是平行的。因此,与单一晶体单色器相比,双晶体单色器在谱仪设计中具有很大的优势。同样,

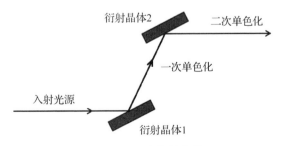

图 1.24 双晶体单色器

四个晶体衍射出的 X 射线也与入射 X 射线平行。因此,在高分辨 X 射线相关的实验装置中,一般采用偶数晶体作为单色器。不过,虽然衍射数量晶体较多时,波长分辨率也较高,但是出射的 X 射线强度急剧下降,因此设计实验时要综合考虑。对于实际应用的 XRF 应用,一般经过单一晶体衍射后的单色 X 射线已经足够。

常规 X 射线源激发的 XRF 谱与单色 X 射线源激发的 XRF 谱的比较如图 1.25所示。与未单色化的常规 X 射线管激发的 XRF 谱相比,单色化后光源激发的 XRF 谱的背景要低得多,因此检测极限可以大幅下降,而且由于不需要扣除背景,因此定量分析更加准确。

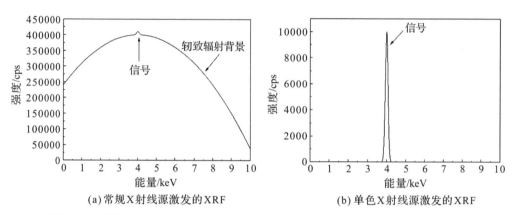

图 1.25　常规 X 射线源激发的 XRF 谱与单色 X 射线源激发的 XRF 谱的比较

1.1.9　真空环境 X 射线荧光

由于轻元素发出的特征 X 射线的能量较小,而目前的 X 射线探测器对这些 X 射线不够灵敏,因此 XRF 对轻元素的探测灵敏度不高。能量较低的 X 射线荧光在空气中传播时会被空气中各种元素吸收,这导致其强度发生较大衰减。空气中较重的惰性气体可能吸收 X 射线而发出相应的 X 射线荧光,会出现非样品元素发出的 XRF 峰,如空气中的 Ar(图 1.18)。因此,若要测量轻元素,一般要求在真空系统中进行,而且 X 射线探测器的入射窗口要求用很薄的 Be 金属箔,以免轻元素发出的 X 射线荧光强度受到严重衰减。

1.1.10　其他

X 射线的激发效率与原子序数密切相关,而且不同元素的灵敏度因子(荧光产额)相差很大。一般来说,重元素的灵敏度因子较大,因此检测极限较低(可达

ppm 数量级);相反,轻元素的灵敏度因子较小,因此检测极限较高(10～100ppm)。单色 X 射线源激发的 XRF 由于背景极低,故而检测极限更低。特别是同步辐射,由于其单色性好、激发波长可调等优点,可以根据样品中的元素选择特定波长进行激发,因此灵敏度可以得到进一步提高。全反射 XRF 由于只对表面极薄层取样,抑制了基体效应和衬底的影响,因此对薄膜的检测极限有很大提高,可达 ppb 数量级。

结合计算机软件,可以根据测得的 XRF 信号,确定多层膜的厚度和成分,对金属镀层测厚精度可达 10nm。此类测厚仪主要用于 PCB 板等金属镀层的厚度和成分分析。不过,如果镀层成分和衬底材料有相同的元素,则很难测量该元素的成分及相关镀层的厚度。另外,由于 XRF 对轻元素不敏感,因此大多数 XRF 镀层测试仪只能分析原子序数大于 16(S)甚至 22(Ti)的元素。

1.2　X 射线吸收谱

在前述 XRF 中,我们所用的入射 X 射线源的能量一般是固定不变的,探测的信号是样品发出的 X 射线荧光。实际上,我们也可以通过测量入射 X 射线被样品吸收的波长分布情况——X 射线吸收谱(X-ray absorption spectroscopy,XAS)——进行元素成分分析。但是,测量 X 射线吸收谱需要入射 X 射线的波长或能量连续可调,即需要同步辐射 X 射线源。

由于经单色器后 X 射线的波长在一定范围内连续可调,因此同步辐射站可以进行种类繁多的材料科学实验,如测定 X 射线吸收谱和 X 射线吸收精细结构(X-ray absorption fine structure,XAFS)。

1.2.1　X 射线吸收边

在 X 射线吸收实验中,当 X 射线的能量接近电子两个能级的能量差时,可以观测到 X 射线的吸收率迅速增加,这种强度突变点对应的 X 射线波长或能量称为 X 射线吸收边。X 射线吸收边与特定元素的电子能级相关,具有元素特征,所以通过测量 X 射线吸收边的能量即可确定元素种类,通过其吸收量的大小可获得元素含量信息。

在多数情况下,不同元素吸收边重叠的可能性较低,因此元素鉴别相对容易。Fe 和 Ni 的 K 吸收边如图 1.26 所示,可见两种元素的吸收边明显分开,没有重叠现象。

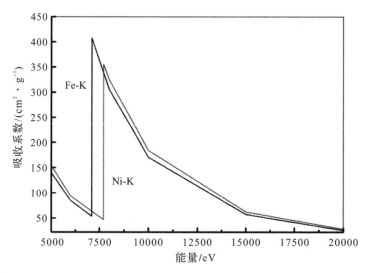

图 1.26　Fe 和 Ni 的 K 吸收边

1.2.2　X 射线吸收谱的测量方法

X 射线吸收谱的测量方法主要包括透射法和荧光法。

(1)透射法

透射法是指通过测量入射 X 射线透过样品后的强度衰减,获得 X 射线被样品吸收的情况(图 1.27)。设入射 X 射线的强度为 I_0,透过样品后 X 射线的强度为 I,则

$$I = I_0 \mathrm{e}^{-\mu d} \tag{1.10}$$

$$A = \mu d = \ln \frac{I_0}{I} \tag{1.11}$$

式中,A 为样品对 X 射线的吸收强度,μ 为样品对 X 射线的吸收系数,d 为样品厚度。对入射 X 射线的波长进行扫描,即可得到 X 射线吸收谱。

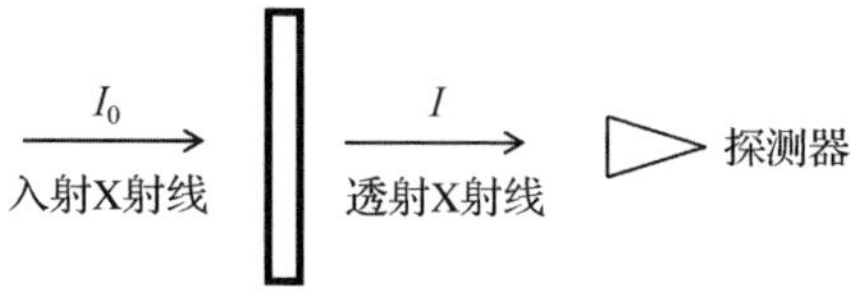

图 1.27　用透射法测量 X 射线吸收示意

（2）荧光法

荧光法是指通过测量入射 X 射线强度 I_0 及其激发的荧光强度 I_F，获得 X 射线吸收谱（图 1.28）。样品发出的 X 射线荧光强度 I_F 与被吸收的入射 X 射线的强度 μd 相关，即

$$I_F \propto I_A = I_0 e^{-\mu d} \tag{1.12}$$

因此，

$$\mu d \propto \ln \frac{I_0}{I_F} \tag{1.13}$$

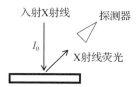

图 1.28　用荧光法测量 X 射线吸收示意

同步辐射站往往同时测量透射的 X 射线强度和样品的 X 射线荧光强度，可以同时得到透射光强度和荧光强度（图 1.29）。

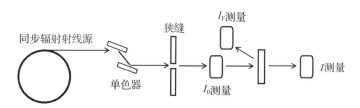

图 1.29　XAFS 测量示意

1.2.3　应用实例

由于吸收边对应原子中电子的跃迁，吸收边的能量与元素有关，因此可以通过 XAS 分析材料成分。$Mn_{2-x}Fe_xBO_4$ 中 Mn 和 Fe 的吸收边如图 1.30 所示，可见 Fe 含量越高，Fe 吸收边对应的强度越大[5]。原则上，利用 X 射线吸收谱可以测量样品成分，其方法与 XRF 基本类似：先测量出各元素对应的吸收边的强度，再根据各元素吸收边的吸收系数（相当于灵敏度因子），得出该元素的含量。

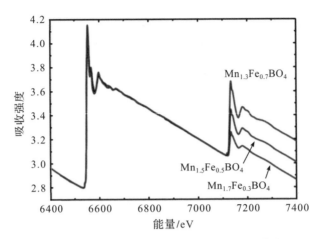

图 1.30 $Mn_{2-x}Fe_xBO_4$ 中 Mn 和 Fe 的吸收边

1.2.4 其他

由于 X 射线吸收谱需要可变波长的 X 射线源,一般需要在同步辐射站进行实验,而同步辐射光源资源紧张,不是大多数研究人员可以获得的,因此实际用于成分分析的情况不多。对于 XAS,研究人员更为关心利用 XAFS 分析材料中原子的配位数、邻近原子间的距离、元素的化学价态等信息。有关 XAFS 的情况将在第 3 章中介绍。

1.3 光电子能谱

在前文中,我们发现原子受到 X 射线激发后,电子受激进入较高能级,当受激发的电子从较高能级返回到较低能级时,会发出 X 射线荧光。

历史上光电子能谱(X-ray photoelectron spectroscopy,XPS)又称为化学分析电子能谱(electron spectroscopy for chemical analysis,ESCA),这是因为光电子能谱携带元素的化学价态信息。早期光电子能谱的英文缩写以 ESCA 居多,但是目前以 XPS 为多。XPS 也可指代光电子能谱仪。

1.3.1 光电子

实际上,入射 X 射线也可以把能量转移给电子,使得电子脱离原子。如该电

子的动能大于材料的功函数,即它的动能大于 0,电子就有可能从固体内部逸出,这种电子称为光电子(图1.31),其动能为

$$E_k = h\nu - E_b - \varphi_s \tag{1.14}$$

式中,E_k 为逸出光电子的动能,$h\nu$ 为入射光子能量,E_b 为电子所在能级相对费米能级的结合能。光电效应中发出的电子实际上也是光电子,只不过在光电效应中,入射光为紫外–可见光。爱因斯坦的光电效应理论只是式(1.14)的一种特殊情况,即涉及的电子是金属费米能级上的电子,或者说是结合能 E_b 等于 0的电子。

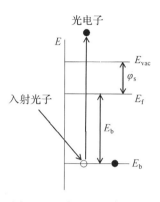

图 1.31　光电子发射示意

假如入射的 X 射线为单色光,则出射的光电子具有确定的动能。由于不同原子中电子能级各不相同,因此不同元素发出的光电子的动能也各不相同,即具有元素特征。所以可通过分析光电子动能(结合能)鉴别材料中的元素,并进一步通过光电子峰的强度确定各元素的含量。

与 XRF 不同,XPS 对所有元素都比较灵敏,而且不同元素的灵敏度相差不大。从 XPS 的机理可以看出,用 XPS 可以分析除 H、He 以外的所有元素。

1.3.2　光电子能谱仪的基本构造

光电子能谱仪主要由以下几个部分组成:用于激发原子的 X 射线源,用于提高光电子收集效率的电子透镜,用于分析电子动能的电子能量分析器,用于放大电信号的电子倍增器,以及数据收集系统和数据处理系统(图 1.32)。

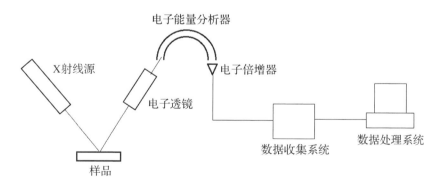

图 1.32　光电子能谱仪构成

(1)电子能量分析器

电子能量分析器主要有电偏转型和磁偏转型两种,早期还有减速场型。考虑到结构和成本,基于电偏转的球扇形电子能量分析器应用较广,此外还有基于电偏转的筒镜式电子能量分析器。光电子能谱仪一般使用球扇形电子能量分析器;部分俄歇电子能谱仪使用筒镜式电子能量分析器,使得电子枪和电子能量分析器可以集成一体。

在半球形电子能量分析器(图1.33)中,在两个同心的半球壳之间施加电压,其中外球壳加负电压,内球壳加正电压,形成一个由内球壳指向外球壳的电场。电子从左侧入口进入内外球壳形成的电场中,因受到电场力的作用,向内球壳运动。如果入射电子能量过大,则电子尚未到达右侧出口即与外球壳碰撞,或被吸收,或改变能量或运动方向,从而无法通过出口并进入电子倍增器(轨迹1);相反,如果入射电子能量过小,则电子尚未到达右侧出口即与内球壳碰撞,同样不能通过出口并进入电子倍增器(轨迹3)。只有动能与内外球壳之间施加的电压 V 成一定比例关系的电子才能正好通过右侧出口(轨迹2)。

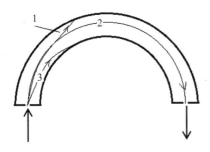

图1.33　半球形电子能量分析器

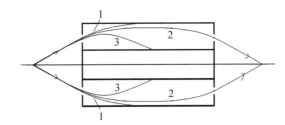

图1.34　筒镜式电子能量分析器

筒镜式电子能量分析器(图1.34)的原理与半球形的类似,即通过电场使得电子运动轨迹发生偏转。如果入射电子能量过大,则电子因偏转程度较小而被外筒碰撞,无法通过出口并进入电子倍增器;如果入射电子能量过小,则电子易被内筒吸收而无法通过出口并进入电子倍增器。因此,只有能量与内外筒之间施加的电场满足一定关系的电子才能通过筒镜式电子能量分析器并进入电子倍增器。

理论分析表明,能够通过半球形(或筒镜式)电子能量分析器的光电子的动能与内外球壳(或内外筒)之间施加的电压成正比,即

$$E_{\text{pass}} = k\Delta V \tag{1.15}$$

式中,E_{pass} 为通过电子能量分析器的电子能量(一般称为通过能),k 为常数,ΔV 为

内外球壳(或内外筒)之间施加的电压差。

电子能量分析器的一个重要指标是能量分辨力,即通过电子能量分析器后电子能量的发散程度。影响电子能量分辨率的主要参数有通过电子能量分析器的电子能量以及电子能量分析器的几何尺寸。

一般情况下,通过电子能量分析器后电子的能量发散程度与电子的通过能 E_{pass} 成正比,即

$$\Delta E \propto E_{pass} \tag{1.16}$$

因此,为了减小电子能量的发散程度以提高电子能量分析器的能量分辨力,往往在电子能量分析器的入口设置一个减速栅,使电子动能预先减小,以提高谱线的分辨力。当然,减小通过能的代价是减小信号强度。电子倍增器的探测效率与电子动能有关,通过能越大,倍增效果越好。因此,实际测量时往往要在能量分辨力和信号强度之间进行折中处理。

可以证明,通过电子能量分析器后电子的能量发散程度与入射狭缝和出射狭缝的尺寸成正比,与电子能量分析器的尺寸成反比,即

$$\Delta E \propto \frac{\Delta d}{D} \tag{1.17}$$

式中,Δd 为电子能量分析器的入射狭缝和出射狭缝的尺寸,D 为电子能量分析器的尺寸(直径)。可见,减小狭缝尺寸或加大电子能量分析器直径,都可以提高电子能量分辨率。但是,电子能量分析器狭缝尺寸过大会使仪器设备显得笨重,也会使仪器制造成本升高;而减小狭缝尺寸将导致信号强度减小。

此外,入射 X 射线源的单色性也是影响谱线的光电子峰能量分辨率的重要因素。一般情况下,常用的 Mg 靶和 Al 靶 X 射线源发出的特征 X 射线的线宽分别为 0.7eV 和 0.9eV,因此,要分开能量间隔较小的两个光电子峰,首先要选择 Mg 靶作为激发源。如果要获得更窄线宽的单色光源,必须对入射的 X 射线进行单色化,使得入射 X 射线源的线宽大幅降低,从而使原本无法分开的两个峰得以分开。

光电子能谱仪中所用的 X 射线单色器的基本原理与 XRF 中的相同,都是通过 X 射线被晶体衍射以实现光源的单色化。

(2)电子倍增器

光电子的信号很弱,一般要通过电子倍增器把电子信号进行放大。电子倍增器实际上就是一个高效率的二次电子发生器,它是内壁镀有高效率二次电子发射材料的一个喇叭形玻璃管,管壁两端加有电压,使得电子在电场作用下从管口向管尾运动(图 1.35)。当电子入射到电子倍增器的管壁上时,壁上材料受电子激发,产生大量的二次电子。入射电子的动能(通过能)越大,产生的二次电子就越

多。碰撞产生的二次电子在电场作用下向管尾运动,其间还会多次碰撞管壁,电子信号级联放大,电子数量呈几何级数上升。普通的电子倍增器可以把入射的一个电子放大到 $10^7 \sim 10^8$ 倍,使得光电子的检测效率大大提高。为了增加电子碰撞管壁的次数,不少电子倍增器被设计成弯曲的形状。经电子倍增器出射的电子脉冲流信号通过隔直电容后输出到后续电路,做进一步放大处理。

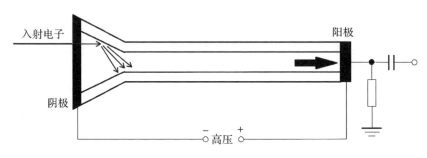

图 1.35　电子倍增器示意

1.3.3　光电子峰的标记

原子中的电子能级可以用四个量子数标识,即主量子数 n,角量子数 l,磁量子数 m,以及自旋量子数 m_s。光电子能谱中的峰按照电子在原子中所处能级进行标记。例如,Si 中 2p 能级对应的光电子峰标记为 Si2p,其中 2 对应主量子数 n,p 对应角量子数 $l=1$。由于原子的能级可能因为自旋-轨道作用分裂为两个能级,如果分裂的能级能量间隔较大且可以被能量分析器分开,则可在上述标记后追加轨道和自旋量子数组合的总量子数对应值,即 $l+1/2$,如 Fe2p$_{1/2}$、Fe2p$_{3/2}$、Cu2p$_{1/2}$、Cu2p$_{3/2}$ 等,其中下标 1/2、3/2 表示轨道-自旋作用对应的总量子数。

In$_2$O$_3$ 的光电子全谱如图 1.36 所示[6]。从谱线可见,In 相关的峰有 4 个,即 3p、3d、4s、4p,O 和 C 相关的峰各有一个。其中,In 的 3d 峰自旋轨道分裂距离大,因而分裂为两个峰。

1.3.4　光电子能谱中的背景信号

与其他分析方法相比,光电子能谱图有一个明显的特点:谱线的背景随电子结合能增大(动能减小)整体呈台阶状上升,即每经过一个光电子峰,在结合能增大的方向上背景增大,这是因为光电子在出射过程中经历了各种非弹性散射。

电子在逸出薄膜表面的过程中会经受各种非弹性散射而损失能量,因此携带

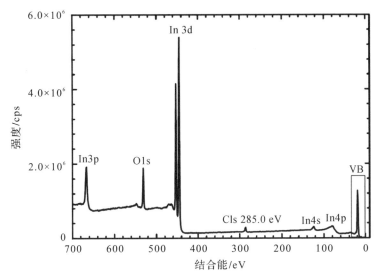

图 1.36　In$_2$O$_3$ 的光电子全谱

特定能量的光电子在向表面运动过程中数量减少。这里有两种情况。一种是光电子在固体内部经受弹性散射，这种散射虽然不改变光电子的能量，但是改变了光电子的方向。若光电子经历大角散射，则向表面运动的光电子经散射后向薄膜内部运动而无法逸出表面，导致光电子信号强度下降。另一类散射是非弹性散射，即光电子在固体内部散射时损失能量，导致光电子失去元素标记功能。这些电子失去了元素的特征能量值，因此也失去了鉴别元素的能力。它们以背景的形式出现在谱线中。这就是光电子能谱中每个光电子峰的低动能侧（高结合能侧）都比高动能侧（低结合能侧）要高的原因。因此，光电子能谱整体上呈台阶状变化。

经历了一次非弹性碰撞后的光电子还可能继续经历一系列非弹性碰撞，其动能因此逐渐降低。光电子能谱中峰下面能量为 E 处背景 $B(E)$ 的值与所有动能大于 E 的光电子的非弹性碰撞有关，即该处的背景是因动能大于它的光电子损失能量而形成的。Shirley 法拟合的光电子峰的背景可由下式决定：

$$B(E) = k \int_E^{E_2} I(E) \mathrm{d}E \tag{1.18}$$

式中，k 为常数，E_2 为光电子峰高动能侧的能量。在计算机程序编制中可以通过迭代法计算 $B(E)$，再从谱线的强度 $I(E)$ 中减去 $B(E)$，即可获得扣除背景后的光电子峰强度。

如图 1.37 所示，由模拟的光电子峰的原始强度 I（信号 P＋背景 B）和式（1.18）计算得到背景 B，扣除背景后得到光电子峰强度 P。

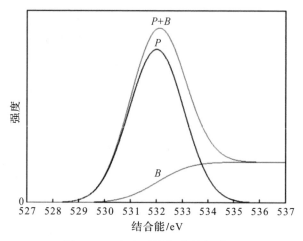

图 1.37　光电子峰与背景的关系

1.3.5　光电子能谱的表面灵敏度

光电子在向表面运动过程中不断发生非弹性碰撞而失去能量,导致其丢失元素特征能量,因此,距表面较近的原子发出的光电子才有足够大的概率不经过非弹性碰撞而逸出表面(图 1.38)。因此,虽然 X 射线的透入深度可能较深,但是具有元素特征能量的光电子的逸出深度很浅,这就使得 XPS 成为一种表面灵敏的分析工具。

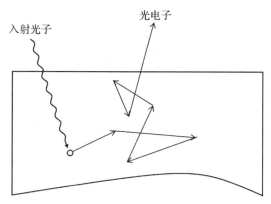

图 1.38　光电子出射经历碰撞过程示意

由于 XPS 中常用 Al K_α 和 Mg K_α 作为激发源,其能量分别为 1486.6eV 和 1253.6eV,因此激发的光电子动能最大不会超过 1486.6eV。能量小于 1486.6eV

的光电子平均自由程很短,一般均小于 2nm(图 1.39)。不过对于同步辐射激发的 XPS,由于激发光源的能量可变,因此可以选择入射 X 射线的能量,使得特定元素发出的光电子动能处于 50～500eV,以获得对该元素更高的表面灵敏度。

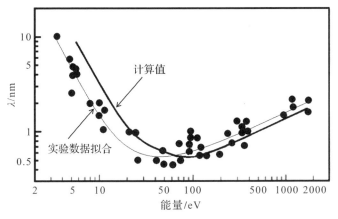

图 1.39　电子平均自由程与电子动能的关系

1.3.6　超高真空系统

光电子能谱仪需要在超高真空系统中进行实验,主要原因有两点。首先,如前所述,由于光电子在向表面运动过程中不断发生非弹性散射而损失能量,光电子的逸出深度很浅,或者说光电子能谱的检测深度很浅,因此,只要样品表面存在 1%的单原子层数量级污染物,光电子能谱中就会出现相应的信号,例如表面自然氧化膜或沾污引起的 O 和 C 信号。所以,如何保持表面清洁是光电子能谱分析的难点之一。实际上,即使是非常干净的样品,例如真空中解离的材料断面,在超高真空的光电子能谱仪分析室里存放一段时间后,也可以检测到其表面存在 C、O 等元素。这是样品在真空系统中被残留的碳氢化合物、水汽等污染所致。粗糙的估计表面在 10^{-6} Torr[①] 的真空压强下,假如吸附概率为 1,则样品表面覆盖一层外来原子只需要 1 秒钟。当然,真空度越高,发生这种污染的概率越小,速度也越慢。因此,为了尽可能保持样品表面干净,光电子能谱分析室一般要求达到 10^{-10} Torr 的高真空度。光电子能谱分析需要高真空度的另一个原因是为了避免逸出表面的光电子在向电子能量分析器和电子倍增器运动过程中与气体分子碰撞而损失

---

① 　1Torr≈1.33322×10^2 Pa。

能量,从而失去元素鉴别和成分分析的能力。

为了达到超高真空条件,光电子能谱仪的真空机组一般为无油机组,并配备 Ti 离子泵/Ti 升华泵、液氮冷阱吸附、真空系统烘烤除气等装置。超高真空系统十分复杂且昂贵,这导致光电子能谱仪价格不菲,动辄几百万元。

1.3.7 表面清洁/溅射离子枪

光电子能谱仪一般配有离子枪,其主要作用有两个:通过离子溅射清洗样品表面,去除样品表面的氧化物和其他污染物;通过离子溅射逐层剥离样品表面,同时结合光电子能谱测量,进行成分深度剖析。

1.3.8 中和电子枪

对于绝缘样品,带负电的光电子逸出样品表面后,内部缺少的负电荷无法通过样品架得到补充,这使得样品表面带正电,光电子的能量受到影响,从而导致谱线发生偏移。严重时,表面积累的正电荷使得能量较低的光电子无法离开表面,谱线发生畸变。向样品表面喷射低能量的电子束,中和样品表面的正电荷,可以在很大程度上减小表面的荷电。对光电子能谱而言,由样品表面荷电引起的偏移一般不足以影响对元素的鉴别。因此,可以通过内标法或外标法校正荷电对谱线的影响。

不过,对于小束斑 XPS 技术,由于 X 射线的束斑很小,而束流密度相对很大,因此样品表面 X 射线照射到的局部区域的荷电现象可能非常明显。此时必须利用电子中和枪中和荷电,或在样品表面沉积贵金属膜或网栅,以消除荷电的影响。

1.3.9 定量分析

大多数情况下,样品中不同元素的光电子峰在能量上是可以分开的。这是因为同一元素的光电子峰一般有多个,一般总可以找到与其他元素的峰分开的一个光电子峰。因此,对 XPS 来说,元素鉴别一般不成问题。目前,元素鉴别工作一般可由数据处理软件自动完成,某些情况下也可手动完成(如有谱峰重叠时)。

如果样品是均匀的,通过测量元素的光电子峰面积和元素灵敏度因子,即可获得样品中各元素的含量:

$$\rho_i = \frac{A_i/S_i}{\sum\limits_{j}(A_j/S_j)} \tag{1.19}$$

式中,A_i 为元素 i 某个峰的峰面积,S_i 为该峰对应的灵敏度因子。注意,求和对样品中所有元素进行,但是每个元素只取一个峰。

元素的灵敏度因子反映了入射 X 光子电离原子后发射光电子的能力。光电子的灵敏度因子是相对值,一般以元素 F 的 1s 光电子峰的灵敏度因子为 1。Al K$_α$ 激发时光电子峰的灵敏度因子随原子序数的变化情况如图 1.40 所示。光电子能谱仪的数据系统中一般均存有各元素光电子峰的灵敏度因子数据。

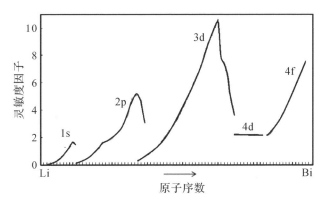

图 1.40　元素灵敏度因子与元素的关系

1.3.10　电子能量分析器工作模式

在 XPS 中,一般使电子能量分析器工作于恒定分析能量(constant analyzer energy,CAE)模式。在该模式下,光电子通过预减速(或加速)达到一个确定的动能,即不同能量的光电子都以相同动能通过电子能量分析器,因此不同结合能的光电子的能量分辨率是相同的。

1.3.11　微区分析、线扫描和面分布

X 射线很难像电子束和离子束一样聚焦到很小的斑点,因此光电子能谱仪一般不做微区分析。有的实验室有小束斑 XPS,其分辨率均在 $μm$ 数量级,很难与 nm 数量级分辨率的电子束进行比较。但是在很多场合,电子束、离子束容易破坏样品表面,或者样品导电性能很差、荷电现象严重,因此在对空间分辨率要求不高的场合中,小束斑 XPS 还是不错的方法。利用小束斑 XPS 技术,可以进行微区分析、线扫描和面分布等分析。值得注意的是,通过 XPS 线扫描/成像,不仅可以得到元素的线/面分布像,还可以得到线/面的价态分布像。

利用小束斑 XPS 可得到 Cu 网格的线扫描图(图 1.41)。实测空间分辨率为 $2.7\,μm$,这是目前大多数小束斑 XPS 能够达到的分辨率[7]。

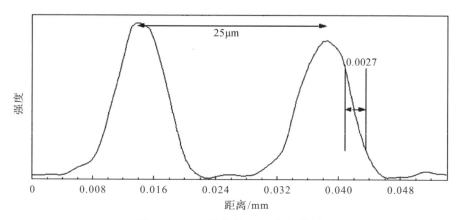

图 1.41　Cu 网格的 XPS 线扫描图

利用小束斑 XPS 可得到 Cr 圆点的面分布图(图 1.42)。利用面分布图,我们可以清楚地看出不同元素的分布情况。样品表面 Ti 和 Fe 元素的分布情况(图 1.43和图 1.44)显示,两者是互补的[8]。

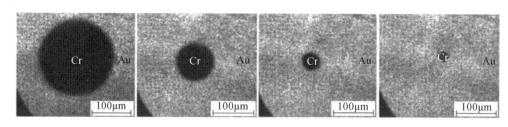

图 1.42　Cr 圆点的 XPS 面分布图

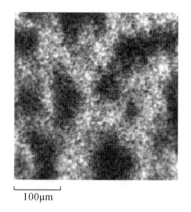

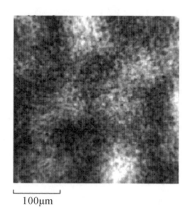

图 1.43　样品表面 Ti 的分布情况　　　　图 1.44　样品表面 Fe 的分布情况

1.3.12　样品荷电

对于不导电的样品,光电子的出射会使样品表面带上正电,使光电子能谱往高结合能方向偏移。一般情况下,这种偏移不会很大,但是足以影响价态分析。实际操作时,往往利用样品表面存在的碳污染物作为内部标记,将不同样品的谱线按 C1s 光电子峰(284.5eV)对齐。

刚经过氩离子清洗的表面由于碳被清除,没有明显的 C1s 信号。如果发生这样的情况,可以让样品在真空室中留存一段时间,等表面有碳污染物后再进行测试。

若不同样品中有某个相同价态的共同元素,则可以该元素的峰为标记进行对齐。

1.4　俄歇电子能谱

俄歇电子能谱(Auger electron spectroscopy,AES)是指超高真空条件下,通过测量受激样品表面原子发射的俄歇电子的能量分布,测定元素成分的方法。

1.4.1　俄歇电子

在 XRF 中,电子从较高能级 E_1 跃迁到较低能级 E_2 时,多余能量可以 X 射线的形式释放。实际上,多余能量也可以转移给另一个能级 E_3 的电子(图 1.45)。如果此电子获得的能量大于它的结合能和材料的功函数之和,则它的动能大于 0,电子就有可能从固体内部逸出,此电子称为俄歇电子(Auger electron),其动能为

$$E_k = (E_1 - E_2) - E_3 - \varphi \qquad (1.20)$$

式中,E_k 为逸出俄歇电子的动能,E_1、E_2、E_3 分别为电子的三个能级,φ 为材料的功函数。与光电子一样,俄歇电子具有确定的能量,而且不同元素的俄歇电子能量不同,因此俄歇电子也可用于鉴别元素成分及含量。

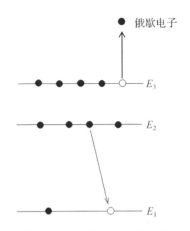

图 1.45　俄歇电子跃迁过程

1.4.2 俄歇电子峰的标记

主量子数为 $n=1,2,3,4,5,\cdots$ 的电子对应的能级也可以用大写字母分别表示为 K,L,M,N,O,$\cdots$。俄歇电子峰根据电子涉及的三个能级进行标记,如某元素 X 的俄歇电子峰涉及的三个能级分别为 K、L、M,则此峰为 X 的 KLM 俄歇电子峰。同一主量子数、不同轨道量子数的俄歇电子峰可再通过下标 1,2,3,$\cdots$ 进行区分。对于涉及价带电子的俄歇跃迁,价带可用 V 表示,如 LMV、LVV 等。

1.4.3 强度谱和微分谱

俄歇电子能谱可以用电子束激发,也可以用 X 射线激发。早期常用电子枪作为俄歇电子能谱的激发源,其产生的二次电子数量很大,因此收集到的谱线(即强度谱)的背景信号很高,信背比很差,这导致俄歇电子峰经常被掩盖。为了突显俄歇电子峰,早期的俄歇电子能谱仪通过锁相放大技术,把俄歇电子峰以微分形式提取出来(即微分谱)。二次电子信号强度随电子能量的变化比较缓慢,因此微分后的背景信号基本消失,而俄歇电子信号则被清晰地显示出来。不过,由于电子探测技术和数字微分技术的发展,现在的俄歇电子能谱仪可以不用锁相放大技术提取微分信号,而是直接收集强度谱,也可对强度谱通过数字微分获得微分谱。

模拟的俄歇电子强度谱如图 1.46 所示,微弱的俄歇电子峰在强大的背景信号下几乎看不出来。图 1.47 为图 1.46 对应的微分谱,缓慢变化的背景信号通过微分运算被大大抑制,留下微分形式的俄歇电子峰。

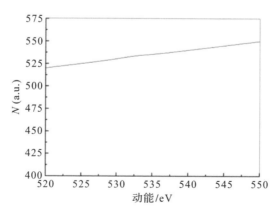

N—强度;a.u.—任意单位(arbitrary unit)(后同)

图 1.46 俄歇电子强度谱

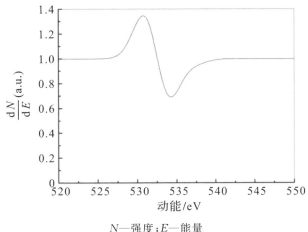

N—强度；E—能量

图 1.47　俄歇电子微分谱

1.4.4　俄歇电子能谱的激发源

除了电子束,利用 X 射线或其他高能粒子(如离子等)也可以激发俄歇电子。与电子束激发的俄歇电子能谱相比,X 射线激发的俄歇电子能谱背景信号低,因此直接收集强度谱更加可行。另外,电子束激发产生了大量二次电子,导致样品表面荷电现象严重,因此电子束激发的俄歇电子能谱很难测量不导电的样品,而 X 射线激发的俄歇电子能谱的荷电现象相对不严重。因此,对于空间分辨率要求不高的场合,建议用 X 射线作为俄歇电子能谱的激发源;对于空间分辨率要求较高的场合,如研究元素的线分布或面分布时,由于电子束可以高度聚焦,获得很高的空间分辨率,因此更适合用电子束作为激发源。

1.4.5　筒镜式电子能量分析器-电子枪集成

早期的俄歇电子能谱大多采用电子束激发,因此常采用筒镜式电子能量分析器-电子枪集成。电子枪和筒镜式电子能量分析器同轴集成在一起,设计简洁(图 1.48),但其电子收集效率不如半球形电子能量分析器,因此,目前不少俄歇电子能谱仪也采用与光电子能谱仪一样的球扇形电子能量分析器。

1.4.6　球栅形阻止势电子能量分析器

有的俄歇电子能谱与低能电子衍射结合在一起,此时电子能量分析器实际上是球栅形阻止势电子能量分析器,其结构如图 1.49 所示。图中,屏蔽栅接地,避免

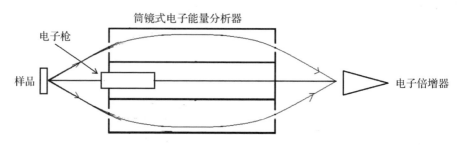

图 1.48   集成了电子枪的筒镜式电子能量分析器

从样品出射的二次电子的运动轨迹受到阻
止势电场的影响；减速栅加负电压，只容许
电子能量大于减速势的电子通过；收集栅
加正电压，收集通过减速栅后的电子。为
了提高电子的能量分辨率，减速栅往往设
计成两个，减速电压分加在两个栅网上。
如果在收集栅外面安装一个涂有荧光粉的
球形屏，则在电子束的轰击下会发出荧光，
可用来观测衍射电子束产生的斑点，此即
低能电子衍射(low energy electron diffrac-
tion，LEED)。有关低能电子衍射的详细情
况将在第 3.4 节介绍。

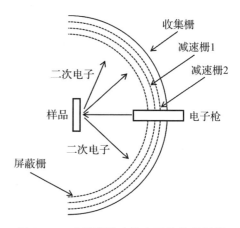

图 1.49   球栅形阻止势电子能量分析器

收集栅收集到的能量大于阻止势的电子总量 N_T 为

$$N_T(E > E_R) = \int_{E_R}^{E_P} N(E)\,dE \tag{1.21}$$

式中，E_P 为入射电子枪的能量，E_R 为阻止势上所加总电压与电子电荷 e 的乘积，
$N(E)$ 为能量为 E 的电子数（即强度谱）。因此，

$$N(E) = \frac{dN_T(E > E_R)}{dE} \tag{1.22}$$

相应的微分谱线为

$$\frac{dN}{dE} = \frac{d^2 N_T(E > E_R)}{dE^2} \tag{1.23}$$

球栅形阻止势电子能量分析器的优点是结构简单、成本低，可与低能电子衍
射完美结合，还可同时分析表面成分和晶体结构；不过与目前广泛使用的半球形

电子能量分析器和筒镜式电子能量分析器相比,存在能量分辨率低、灵敏度不高等缺点。

1.4.7　表面灵敏度

与光电子相同,俄歇电子在逸出薄膜表面的过程中也会因各种非弹性散射而失去元素信息,因此俄歇电子能谱也是测试表面灵敏度的一种方法。俄歇电子在固体中的输运情况与 XPS 中的光电子行为类似,因此不再赘述。后续几小节仅指出俄歇电子能谱与光电子能谱的不同之处。

1.4.8　谱图处理

由于历史原因,早期俄歇电子能谱的强度被定义为微分后谱线的峰-峰值,即高斯峰型的谱线在微分后形成的两个正负尖峰的差。典型的微分谱如图 1.50 所示[9]。若收集的俄歇电子能谱是强度谱,则可以通过数值微分后得到峰-峰值,再进行定量分析;相反,若只有强度谱对应的元素灵敏度因子,则可以通过数值积分把微分谱转换为强度谱,再进行定量分析。

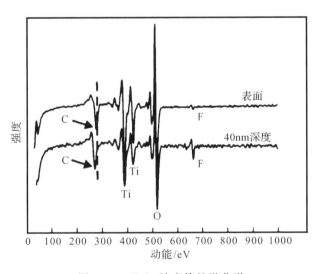

图 1.50　TiO_2 纳米管的微分谱

有了元素的俄歇电子峰强度和该峰的灵敏度因子,就可以分析样品的成分了。利用俄歇电子能谱分析样品成分的方法与 XPS 相同。

由于激发俄歇电子的过程常涉及价带电子,如 LVV、LMV 等,而价带电子的状态密度分布与芯态电子完全不同,因此涉及价电子的俄歇电子峰往往不是标准的高斯-洛伦兹型,微分后经常出现两个正负峰严重不对称的情况,此时用微分谱的峰-峰高作为强度计算成分会引起很大误差。随着数值计算技术的发展,我们可以通过积分程序把微分谱变为强度谱,像处理光电子能谱一样进行处理,但是前提是要有强度谱对应的元素灵敏度因子。

1.4.9 表面荷电问题

由于光电子能谱的激发光源为 X 射线,出射的光电子的量不是很多,因此一般情况下这种偏移不会很大,可以通过真空室内污染的 C1s 峰的结合能进行校正,不足以影响元素鉴别。但是对于电子束激发的俄歇电子能谱,由于大量电子束入射,表面严重积累电荷,因此表面电势不稳定,严重时无法进行稳定的数据收集。这时可以通过在表面沉积网格状金膜来消除荷电,须注意,一定要用网格状的膜,否则样品的信号会被掩盖。当然,对于不导电的样品,最好采用荷电影响较小的 XPS 进行表面分析。

1.4.10 俄歇电子峰的背景信号问题

俄歇电子在向表面运动过程中也会损失能量,形成背景信号。微分信号对缓慢变化的背景信号不敏感,因此在微分谱模式下收集的俄歇电子能谱可以不考虑背景信号的影响;而在强度谱模式下,俄歇电子峰的背景信号与光电子峰类似,此时可以通过式(1.18)进行背景拟合,得到背景信号。不过,由于电子束激发的俄歇电子能谱背景信号强度很大,须预先扣除强大的背景信号。

1.4.11 微区分析、线扫描和面分布

由于电子束容易聚焦,因此利用电子束激发的俄歇电子能谱可以进行高分辨的微区分析、线扫描和面分布。将俄歇电子能谱与高分辨扫描电子显微镜结合,可以同时分析表面形貌、表面成分以及 nm 数量级的微结构,特别适合纳米材料和集成电路芯片的分析研究。虽然很多扫描电子显微镜中配有 XRF,可以进行成分分析,但是由于 XRF 对轻元素的检测灵敏度不高,因此,为半导体集成电路配备 nm 数量级的 SEM+AES 组合是十分理想的,使其可以分析半导体制程中的轻元素。

1.4.12 电子束造成的表面损伤

虽然电子束激发的俄歇电子能谱中入射电子束的能量仅几个 keV,但是足以破坏有机样品及表面层的结构,甚至对无机样品的表面也可能造成损伤。Sn 晶须

在收集俄歇电子能谱过程中被电子束损伤的情况[10]如图 1.51 所示。因此,除非需要极高的空间分辨率,应尽可能通过光电子能谱而不是俄歇电子能谱进行表面成分分析。

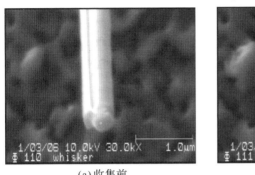 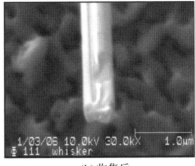

(a) 收集前　　　　　　　　　(b) 收集后

图 1.51　Sn 晶须在收集俄歇电子能谱过程中被电子束损伤的情况

1.4.13　电子能量分析器工作模式

在 XPS 中,电子能量分析器一般工作于恒定分析能量(CAE)模式,以便使不同结合能的光电子峰具有相同的能量分辨率。而在俄歇电子能谱中,一般使用恒定减速比(constant retard ratio,CRR)模式。该模式下,电子按照一定的比例减速。因为动能较高的俄歇电子的产额相对动能较低的俄歇电子低很多,所以需要较大的通过能以提升分析器的检测灵敏度。为了使某个能量范围内的俄歇电子峰具有相同的能量分辨率,也可以在 CAE 模式下收集俄歇电子能谱,特别是在进行化学价态分析时,这样做是有利的。但是须注意,在定量分析中,电子能量分析器的工作模式应该与标准谱图手册一致,否则会导致很大的误差。

1.5　二次离子质谱

二次离子质谱(secondary ion mass spectrometry,SIMS)是指用一次离子束轰击固体试样,溅射出二次离子,再进行质谱分析的方法。SIMS 也可指代二次离子质谱仪。

离子质谱就是离子的质量谱,即离子数量随离子质量的分布情况。更严格地说,离子质谱就是离子的质荷比(质量/电荷)谱,即离子数量随质荷比变化情况。

二次离子质谱就是固体表面在原子受到数百至数千电子伏能量的一次离子轰击时,因一次离子入射碰撞而产生的二次离子的数量随离子质荷比变化的情况。因此,二次离子质谱原则上是一种破坏性分析手段。

1.5.1 离子溅射

一次离子入射到固体表面后,既可以溅射出中性原子,也可以溅射出正离子和负离子(图 1.52);既可以溅射出单原子离子,也可以溅射出多原子离子和分子离子,甚至可以溅射出原子团簇(碎片)离子。因此,利用二次离子质谱,既可以了解样品中的元素成分信息,由碎片离子间接获得原子结合方式等信息,也可以分析元素的同位素。

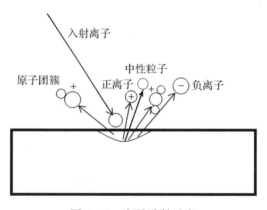

图 1.52 离子溅射示意

1.5.2 二次离子质谱仪的基本结构

二次离子质谱仪主要包括一次离子源、质量分析器、离子探测器、真空系统、数据处理系统等部分(图 1.53)。由于离子带有电荷,为了避免导电能力不好的样品表面荷电,一般还需配备用于电荷补偿的电子中和枪。

根据分析目的不同,SIMS 可以配备多种离子源,常见的主要有气体放电离子源(如 O、Ar、Xe)和液态金属离子源(如 Ga、Cs)等。利用 Cs 作为离子源,主要是为了提高电负性较大的元素(如 F、Cl、O)负离子的二次离子产额。

与光电子能谱和俄歇电子能谱中存在大量二次电子不同,二次离子质谱的背景信号极低,信背比很高,即使很微弱的峰也能检测到。

SIMS 具有不少优点:①检测灵敏度很高,对大多数元素可达到 ppm 甚至 ppb

数量级；②离子束可以像电子束一样进行聚焦和扫描，实现元素的点、线、面成像；③入射离子具有较高能量，可以刻蚀剥离材料表面，在进行质谱的同时还可以进行元素的深度剖面分析；④可以区分元素的同位素，这是很多其他成分测试方法所不具备的能力。

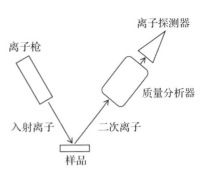

图 1.53　二次离子质谱仪结构

SIMS 分为静态 SIMS 和动态 SIMS 两种。前者采用很小的离子束流，分析时对样品的损伤很小，可以认为样品表面情况基本不变，因而近似于非破坏性分析。后者采用大束流离子束，表面大量离子被溅射，在测量的同时离子束不断刻蚀样品表面，因此是一种破坏性分析方法。

1.5.3　离子的质荷比

二次离子质谱中，横坐标为质荷比（m/z）。质量为 $2m$ 的 2 价离子的质荷比 $2m/2e$ 与质量为 m 的 1 价离子的质荷比 m/e 是相同的，它们位于质谱图相同的横坐标位置。

Si 的二次离子质谱如图 1.54 所示。除 Si^+（$m/z=28$）外，还出现了 $(2Si)^+$（$m/z=56$）、$(3Si)^+$（$m/z=84$）、$(4Si)^+$（$m/z=112$）以及 Si^{2+}（$m/z=14$）的离子峰。

可见，单元素的 Si 材料的二次离子质谱中会出现多个峰，而更复杂的材料的二次离子质谱中出现的峰将会更多，因此确定其中某个峰的来源比较困难。无机材料组成一般比较简单，质量扫描范围不会很大，因此分析相对简单；但是要确定有机大分子材料的峰非常困难，需要一定的经验积累，必要时可以借助标准谱图手册进行比对。

1.5.4　离子溅射产额

离子溅射需要入射离子打断样品中原子之间的键才会发生。原子的种类、原子之间的键合方式等与原子之间的结合强度有很大关系，即使是单元素物质，离子溅射产额也有很大差别。离子溅射产额越高，单个入射离子产生的二次离子数量就越多，因此对该离子的检测灵敏度也越高。400eV Ar^+ 溅射产额如图 1.55 所示。

离子溅射产额除了与靶原子有关，还与入射离子的能量有关。若入射离子的能量过小，则入射离子无法有效打断原子间的键，溅射产额较低；若入射离子的能量过高，则容易把靶原子撞向样品内部，溅射产额也较低。当入射离子的能量很

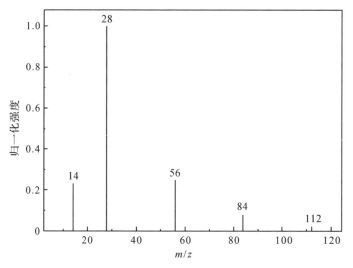

图 1.54 Si 的二次离子质谱

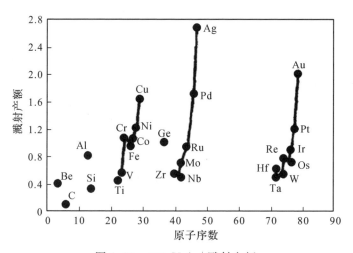

图 1.55 400eV Ar⁺ 溅射产额

高时,入射粒子甚至会直接穿透表面进入样品内部,即离子注入效应。因此,实验时必须选择合适的能量,使溅射产额尽可能高。当 Ar⁺ 入射到 Cu 表面时,Ar⁺ 能量与 Cu 溅射产额的关系如图 1.56 所示。

除了入射离子的能量,溅射产额也与入射离子的入射角有很大关系。当正入射时,入射离子的入射角过小,靶原子被撞进样品内部的概率较大,溅射产额较低;当掠入射时,入射离子容易被表面原子反弹,溅射产额也较低。离子入射角与溅射产额的关系如图 1.57 所示,可见选择 65° 左右的入射角比较合适。

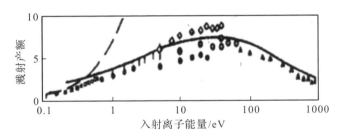

图 1.56　Ar^+ 能量与 Cu 溅射产额的关系

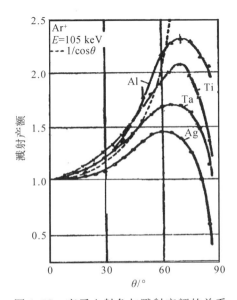

图 1.57　离子入射角与溅射产额的关系

对于单晶样品，离子溅射产额还与晶向有关。Ar^+ 溅射产额与样品晶向的关系如图 1.58 所示。

由上述分析可知，离子溅射产额与很多因素有关，这给定量分析带来了困难。相比 XRF、XPS、AES 等成分分析手段，SIMS 分析精度较差。因此，对于无机材料特别是单晶材料，很少用 SIMS 进行定量分析。

1.5.5　质量分析器

根据质量分析器（mass analyzer）的不同，目前二次离子质谱仪主要分为飞行时间二次离子质谱仪（time-of-flight SIMS，ToF SIMS，采用飞行时间质量分析器）

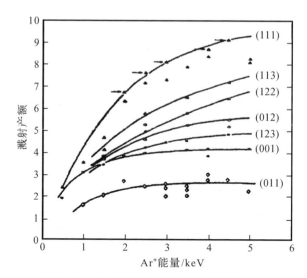

图 1.58　Ar⁺溅射产额与样品晶向的关系

和四极杆二次离子质谱仪(quadrupole SIMS,采用四级杆质量分析器)两大类,而极少配备磁偏转(magnetic deflection)质量分析器。

(1)飞行时间质量分析器

飞行时间质量分析器(图 1.59)中,表面溅射出来的二次离子被预先加速到一定的能量,再引入无场漂移管中,然后具有相同能量的离子向离子接收器方向做漂移运动。由于进入漂移管的离子能量相同,因此离子的质量越大,其漂移速度越小。所以,不同质量的离子在漂移管中的飞行时间因离子质量的不同而不同,质量较轻的离子到达探测器的时间比质量较重的离子短。可以通过飞行时间区分二次离子的质量,从而获得离子的质量分布情况。

飞行时间质量分析器可同时检测所有给定极性的二次离子,具有很高的质量分辨率和很高的灵敏度,不过价格也相对较高。此类质谱仪利用了在极低电流(pA 数量级)下运行的脉冲离子束,即入射离子以极短的脉冲流形式入射到样品表面,对固体表面损伤很小,适合分析表面的成分和原子结合状态,避免样品表面受到损伤。因此,飞行时间二次离子质谱仪可以作为静态二次离子质谱仪使用。随着脉冲离子束技术和离子时间分辨技术的日益提高,飞行时间质量分析器的价格不断下降,目前飞行时间二次离子质谱仪已经占据主导地位。

假如离子质量为 m,电荷为 q,则初速度很小的离子经过加速区后动能为 qV(初始能量可以忽略不计),其中 V 为加速区电压,则离子通过加速区后获得的速度为

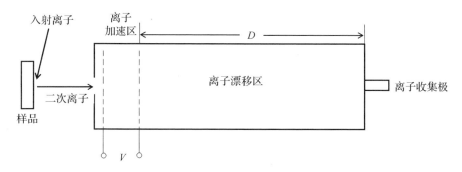

图 1.59　飞行时间质量分析器结构

$$v=\sqrt{\frac{2qV}{m}} \tag{1.24}$$

假如离子漂移区的长度为 D,则离子通过漂移区所需时间为

$$t=D\sqrt{\frac{m}{2qV}} \tag{1.25}$$

由此可以看出,飞行时间质量分析器也不能区分具有相同质荷比的离子。

飞行时间质量分析器不仅数据采集效率很高,而且可以测量分子量非常大的离子,适用于分析大分子、高分子。因为无机材料分子量较小,四极杆质量分析器也是不错的选择。

(2)四级杆质量分析器

四极杆质量分析器(图 1.60)由于结构简单、体积较小、价格便宜,被早期的二次离子质谱仪大量采用。四极

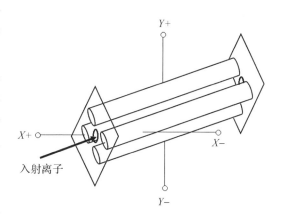

图 1.60　四极杆质量分析器结构

杆是四极杆质量分析器的核心。四个电极杆构成两对,两对上面各加有射频电场,只有特定质荷比的离子才能稳定通过该射频电场形成的振荡电场区。

四极杆质量分析器的质量分辨率相对有限,可测质量的上限也较小。由于检测灵敏度有限,四极杆二次离子质谱仪需要在较高的一次离子电流下工作,对试样表面有较大破坏作用,因此适合作为低质荷比的动态二次离子质谱仪,可用于成分深度剖析,特别是杂质元素深度剖析。另外,四极杆二次离子质谱仪受几何

尺寸限制,质量分辨率也较飞行时间二次离子质谱仪差,而且质量扫描范围不足,只能用于无机材料分析或残余气体分析。

与飞行时间质量分析器不同,四级杆质量分析器只允许满足特定条件的离子通过,因此需要进行质荷比扫描才能得到全谱。不过,与飞行时间质量分析器相同,四极杆质量分析器也不能区分质荷比相同的离子。

(3)磁偏转质量分析器

磁偏转质量分析器的结构(图1.61)与半球形电子能量分析器相似,但是离子偏转靠的是洛伦兹力而非静电力。

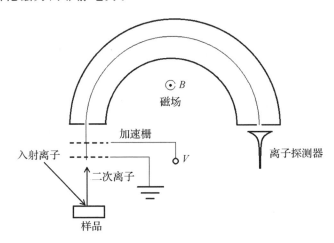

图 1.61　磁偏转质量分析器结构

设半球的半径为 R,磁感应强度为 B,离子的加速电压为 V,质量为 m,电荷为 q。假定二次离子的初始速度很小甚至可以忽略,那么离子的偏转半径由下式决定:

$$qvB = m\frac{v^2}{R} \tag{1.26}$$

因为离子动能等于加速电压与电荷的乘积,即 $\frac{1}{2}mv^2 = qV$,所以

$$R = \frac{1}{B}\sqrt{\frac{2mV}{q}} \tag{1.27}$$

因此,当磁感应强度和加速电压确定后,只有特定质荷比的离子才能通过半球,到达收集极,即能够通过磁偏转质量分析器的离子必须满足

$$\frac{m}{q} = \frac{1}{2V}(RB)^2 \tag{1.28}$$

不难看出,与飞行时间质量分析器和四极杆质量分析器一样,磁偏转质量分析器也不能区分质荷比相同的离子。

1.5.6　应用实例

由于二次离子质谱定量分析精度不如前面介绍的几种技术,因此对于常规的成分分析,一般不采用二次离子质谱技术。但是 SIMS 的检测极限很低,离子束可以聚焦,且具有表面刻蚀功能,因此 SIMS 主要用于材料中的杂质元素分析及杂质元素的线扫描、面分布,特别是杂质元素的深度剖析。

(1)杂质分析

O^+ 和 Cs^+ 作为一次离子获得的 Si 单晶中杂质的 SIMS 检测极限[11]如表1.2所示。对于 Si,原子密度为 $5\times10^{22}\,cm^{-3}$,可见对于大多数杂质,SIMS 检测极限为 ppm 数量级,有的可达到 ppb 数量级。

表 1.2　Si 单晶中杂质的 SIMS 检测极限

单位:cm^{-3}

O^+ 离子源				Cs^+ 离子源	
He	1×10^{17}	Cr	3×10^{11}	H	5×10^{16}
Li	5×10^{11}	Mn	5×10^{12}	C	2×10^{15}
B	1×10^{12}	Fe	1×10^{13}	N	5×10^{13}
Na	5×10^{11}	Ni	1×10^{14}	O	5×10^{15}
Mg	2×10^{12}	Cu	1×10^{14}	F	1×10^{14}
Al	5×10^{12}	Zn	1×10^{15}	P	1×10^{13}
K	2×10^{12}	Mo	1×10^{14}	S	2×10^{14}
Ca	5×10^{12}	In	1×10^{13}	Cl	5×10^{14}
Ti	1×10^{12}	W	5×10^{13}	As	1×10^{13}
				Ge	5×10^{13}
				Sb	1×10^{13}
				Au	1×10^{14}

(2)深度剖析

由于二次离子质谱的入射离子本身具有刻蚀表面的能力,因此持续观测特定的一个或几个元素的二次离子强度随离子刻蚀时间的变化即可获得样品的成分或杂质浓度随刻蚀时间的变化。如果刻蚀速率已知,则可以把刻蚀时间转换为深度,由此得到成分或杂质随深度的分布情况。

离子刻蚀后表面留下的蚀坑如图 1.62 所示。注意,如果是大束斑的离子枪,则蚀坑边缘的刻蚀速率可能比中心区域慢,在这种情况下,深度分辨率可能受到影响。因此,最好采用以面分布模式工作的离子枪,并使扫描面积大于探测器的测量面积,以避免蚀坑的边缘效应。

Si 片表面形成的 PN 结的深度剖面[12]如图 1.63 所示。从剖面分析来看,表面是 As 浓度高于 B 浓度的 N 型层,次表面是 B 浓度高于 As 浓度的 P 型层,衬底为不掺 As 和 B 的本征 Si。PN 结的界面位于离开表面0.25μm处(As 的浓度等于 B 的浓度)。

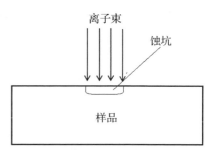

图 1.62 离子刻蚀形成的蚀坑

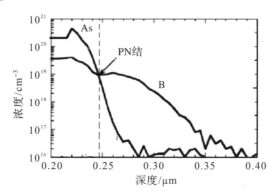

图 1.63 Si 片表面形成的 PN 结的深度剖面

Si 衬底上生长的 GeSi 外延层中 Ge 和 B 的深度分布曲线如图 1.64 所示,可见外延层厚度约为 30nm,B 掺杂浓度约为 0.1%[13]。

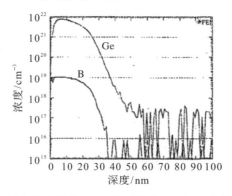

图 1.64 Si 衬底上生长的 GeSi 外延层中 Ge 和 B 的深度分布曲线

由于离子的刻蚀速率很难精确测定,因此很多二次离子质谱深度剖析图的横坐标为刻蚀时间。若刻蚀速率未知,则可以在测量结束后把样品送到台阶仪(或表面轮廓仪)测量蚀坑的深度,再将深度除以刻蚀时间,即可得到刻蚀速率,由此得到深度分布曲线。厚度标定也可以通过电子显微镜断面观测或以其他厚度测量手段获得。

(3)线扫描和面分布

太阳能电池级 Si 单晶中 C 和 O 的深度分布曲线如图 1.65 所示,可见 C 在 Si 中沿深度方向分布均匀,但是 O 在 Si 中分布不均匀,其浓度有明显起伏[12]。

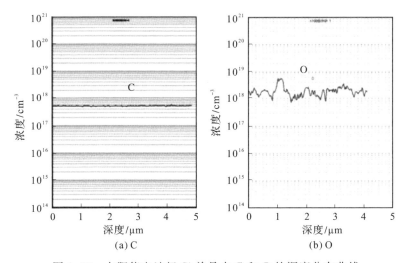

图 1.65　太阳能电池级 Si 单晶中 C 和 O 的深度分布曲线

另一太阳能电池级 Si 单晶样品中 O 的均匀性分析如图 1.66 所示,可见 O 呈颗粒状分布,这是因为 O 在 Si 单晶中可以氧沉淀的方式存在。进一步分析后可知,O 沉淀的尺寸为几个 μm [12]。

1.5.7　定量分析

与前面几节介绍的 XRF、XPS 和 AES 相比,SIMS 的定量分析相对难度较大,这是因为前三种方法都涉及原子中电子的跃迁,与原子之间的键合方式关系不大,因此不同元素的灵敏度因子跨度不大,而且同一元素的灵敏度在不同物质中几乎是相同的,所以可以通过元素灵敏度因子进行较准确的定量分析。但是在 SIMS 中,入射离子须打断原子之间的键才能使离子离开表面,而原子之间的键合强度相差很大,因此不同元素的灵敏度因子跨度很大。对于单晶样品,不同晶面

 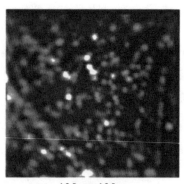

$125\mu m \times 125\mu m$ $125\mu m \times 125\mu m$

(a) Si   (b) O

图 1.66　太阳能电池级 Si 单晶中 O 的均匀性分析

对应的溅射产额也不一样。所以说,要做好 SIMS 的定量分析,需要找到与待测样品成分和晶体结构十分接近的标样。一般情况下,从分析精度考虑,无机材料的成分分析倾向于利用 XPS、AES、XRF 等技术手段,而 SIMS 在光电材料领域主要用于微量杂质元素分析和元素成分深度剖析。

1.6　激光诱导击穿光谱

激光诱导击穿光谱(laser induced breakdown spectroscopy,LIBS)是近年发展起来的一种元素成分分析方法。

1.6.1　基本原理

一束大功率密度的超短脉冲的激光聚焦到样品表面,使得激光照射到的区域瞬间加热到极高的温度,这导致材料中的原子进入激发态并形成等离子体。等离子体中处于激发态的电子跃迁到较低能级时,多余能量以光子或热的形式释放。通过分析等离子体发出的光子的能量分布,可以获得样品中元素种类及其浓度信息。

本书作者设计的一套 LIBS 系统如图 1.67 所示。脉冲激光器发出的光经聚光镜Ⅰ聚焦到样品表面。样品表面等离子体发出的荧光经聚光镜组Ⅱ聚焦后入射到光纤光谱仪的光纤入口中,经光纤导入光谱仪,然后将光谱仪输出的信号输入计算机。样品置于真空系统中,以避免空气中元素的干扰,但是可以根据需要,通过放气阀引入 Ar、O_2、N_2 等气氛。

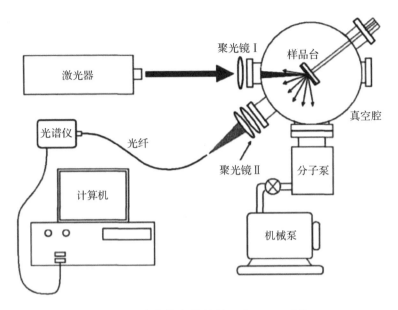

图 1.67 本书作者设计的一套 LIBS 系统

1.6.2 应用实例

(1)杂质分析

Si 单晶表面测到的 LIBS 谱如图 1.68 所示,其中 Si、O 信号清晰可见[14]。根据红外光谱测量的 O 浓度与 LIBS 信号强度的标定曲线如图 1.69 所示,红外光谱测量的 O 浓度与 LIBS 信号强度之间具有很好的线性关系[14]。

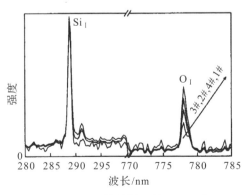

图 1.68 Si 单晶样品的 LIBS 谱

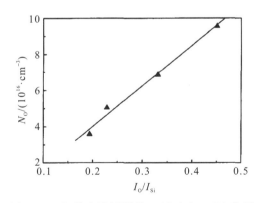

图 1.69 红外光谱测量的 O 浓度与 LIBS 信号强度的标定曲线

这里要特别指出，利用 LIBS 可以测量重掺 Si 中的 O 含量。因为重掺 Si 单晶对红外光不透明，因此很难用常规的红外光谱测量其中的 O 含量，但是利用 LIBS 可以测量重掺 Si 中的 O 含量。

(2)成分剖析

由于在大功率脉冲激光的激发下，固体表面不断蒸发，因此每个激光脉冲都会导致样品表面损失一个薄层并露出新的表面。利用这个原理，LIBS 也可以像 SIMS 一样进行成分深度剖析。图 1.70～图 1.73 为本书作者利用 LIBS 分析在 Si 表面扩散 Al 后的 LIBS 谱及 Al 的深度分布图[15]。从图 1.70 可看出，尽管 Al 的浓度不高，但是 LIBS 谱中有 Al 对应的发射峰存在。从激光照射区域 Si 片表面蚀坑的 SEM 图像(图 1.71)可以明显看到激光脉冲照射造成的木纹状蚀坑结构。由蚀坑的 SEM 断面(图 1.72)可以确定蚀坑的深度。由 Al 峰强度随激光脉冲数的变化情况(图 1.73)可见，随着脉冲数的增加，Al 信号强度逐渐减小，这反映了扩散的 Al 随

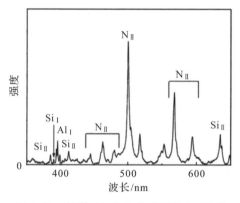

图 1.70 扩散 Al 后 Si 片表面的 LIBS 谱

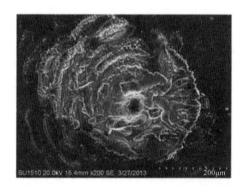

图 1.71 Si 片表面蚀坑的 SEM 图像

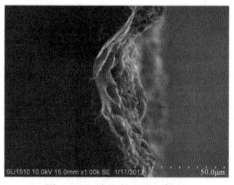

图 1.72 蚀坑的 SEM 断面

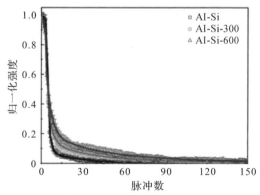

图 1.73 Al 峰强度随激光脉冲数的变化情况

深度的变化。根据 SEM 断面扫描图测定的蚀坑深度及总激光脉冲数,即可推算出单个脉冲对应的刻蚀深度,由此得出 Al 元素随深度的分布情况。

(3)恒定等离子体温度法

由于样品表面等离子体的形成与样品内部原子键合状态、激光器工作状态、聚焦情况、环境气氛等有很大关系,因此 LIBS 定量分析目前还是一个大问题。本书作者提出了一种判断等离子状态的方法,即基于恒定等离子体温度的 LIBS 测试方法(简称恒定等离子体温度法):在测量时观测某一元素两个跃迁过程所对应光谱线的相对强度,通过调整激光器工作参数,确保每次测量时这两个跃迁过程对应的强度比值固定,这样即可保证每次测量时等离子体的温度恒定,以此获得可以重复的定量分析结果。采取这种方法后,定量分析的可靠性和可重复性得到明显提升。常规测量方法和恒定等离子体温度法的定量分析精度比较如图 1.74 所示,可见后者的精度和可重复性更好[16]。

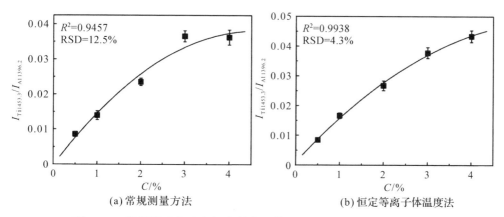

图 1.74 常规测量方法和恒定等离子体温度法的定量分析精度比较

1.6.3 激光诱导击穿光谱的特点

(1)测量元素范围广

超短脉冲激光聚焦后能量密度较高,瞬时功率达 10^9 W 数量级甚至更高,可以将任何物态(固态、液态、气态)样品表面局部区域汽化并激发形成等离子体,所以 LIBS 原则上可以分析所有物质,包括固体、液体和气体。另外,由于所有元素都会发射紫外-可见-近红外光谱,因此,基于光谱分析的 LIBS 技术可以分析元素周期表中的所有元素。

(2)检测极限低

由于激光诱导击穿光谱是基于原子的发射光谱,因此检测灵敏度很高。对于大多数元素,LIBS 的检测极限可达 10ppm 数量级甚至更低。

(3)可以进行深度剖析

LIBS 所用的脉冲激光器瞬时功率很大,测量过程中样品表面会随激光脉冲数的增加逐渐剥离,因此可以进行成分深度剖析。

(4)仪器结构简单

LIBS 结构简单,最简单的结构仅需一台半导体脉冲激光器和一台光纤光谱仪,非常容易做成便携式成分测试仪,特别适合野外使用。由于 LIBS 工作时不需要真空环境,也不像 XRF 那样需要高压,更无任何对人体有害的辐射,因此 LIBS 测量成本很低。不过,强激光若直接照射人眼,会导致失明,因此实验时必须注意。

1.6.4　环境气氛影响

LIBS 对样品几乎没有任何要求,可以测量各种形态的物质。一般情况下,测试可在大气中进行。但是如果环境气氛中有待测样品中我们感兴趣的元素,为了避免对分析产生干扰,最好把样品放在真空中进行测试,或在与样品元素互不干扰的气体环境中进行分析。

1.7　其他元素分析方法

现代材料分析方法中还有原子吸收光谱、原子发射光谱和电感耦合等离子谱等方法,但是这些方法在光电材料分析中使用率不高,因此在本书中不做介绍。

参考文献

[1] Kuimalee S, Chairuangsri T, Pearce J T H, et al. Quantitative analysis of a complex metal carbide formed during furnace cooling of cast duplex stainless steel using EELS and EDS in the TEM[J]. Micron,2010,41(5):423-429.

[2] Sciutto G, Frizzi T, Catelli E, et al. From macro to micro: An advanced macro X-ray fluorescence (MA-XRF) imaging approach for the study of painted surfaces[J]. Microchemical Journal, 2018,137:277-284.

[3] Kalvani P R, Shapouri S, Jahangiri A R, et al. Microstructure evolution in high density AZO ceramic sputtering target fabricated via multistep sintering[J]. Ceramics International, 2020,

46(5):5983-5992.

[4] Menesguen Y, Boyer B, Rotella H, et al. CASTOR, a new instrument for combined XRR-GIXRF analysis at SOLEIL[J]. X-Ray Spectrometry,2017,46(5):303-308.

[5] Platunov M S, Kazak N V, Knyazev Y V, et al. Effect of Fe-substitution on the structure and magnetism of single crystals $Mn_{2-x}Fe_xBO_4$[J]. Journal of Crystal Growth,2017,475:239-246.

[6] Zatsepin D A, Boukhvalov D W, Zatsepin A F, et al. Bulk In_2O_3 crystals grown by chemical vapour transport: a combination of XPS and DFT studies[J]. Journal of Materials Science-Materials in Electronics,2019,30(20):18753-18758.

[7] Stockmann J M, Radnik J, Buetefisch S, et al. A new test specimen for the determination of the field of view of small-area X-ray photoelectron spectrometers[J]. Surface and Interface Analysis,2020,52(12):890-894.

[8] Blomfield C J. Spatially resolved X-ray photoelectron spectroscopy[J]. Journal of Electron Spectroscopy and Related Phenomena,2005,143(2-3):241-249.

[9] Dronov A, Gavrilin I, Kirilenko E, et al. Investigation of anodic TiO_2 nanotube composition with high spatial resolution AES and ToF SIMS[J]. Applied Surface Science,2018,434:148-154.

[10] Bozack M J, Crandall E R, Rodekohr C L, et al. High lateral resolution Auger electron spectroscopic (AES) measurements for Sn whiskers on brass[J]. IEEE Transactions on Electronics Packaging Manufacturing,2010,33(3):198-204.

[11] Stevie F A, Griffis D P. Quantification in dynamic SIMS: Current status and future needs[J]. Applied Surface Science,2008,255(4):1364-1367.

[12] 二次离子质谱[EB/OL]. (2017-08-14)[2021-03-30]. https://max. book118. com/html/2017/0812/127563209. shtm.

[13] 刘佳磊,刘志弘,陈长春.超高真空 CVD 对锗硅外延材料中锗分布的优化[J]. 微电子学,2006,36(5):615-617,621.

[14] Ji Z G, Xi J H, Mao Q N. Determination of oxygen concentration in heavily doped silicon wafer by laser induced breakdown spectroscopy[J]. Journal of Inorganic Materials,2010,25(8):893-896.

[15] Zhang J, Hu X S, Xi J H, et al. Depth profiling of Al diffusion in silicon wafers by laser-induced breakdown spectroscopy[J]. Journal of Analytical Atomic Spectrometry,2012,28(9):1430-1435.

[16] Zhang J, Ma G, Zhu H H, et al. Accurate quantitative analysis of metal oxides by laser-induced breakdown spectroscopy with a fixed plasma temperature calibration method[J]. Journal of Analytical Atomic Spectrometry,2012, 27(11):1903-1908.

第 2 章 元素价态分析

前面一章已介绍了光电材料分析中常用的几种元素测量方法,这些方法可以测量样品中存在的元素和含量,但是大多数都没有涉及元素的价态,即不知道原子的电离状态或者原子间的结合方式。本章将介绍可以分析原子价态和结合方式的几种常用方法。

2.1 光电子能谱

2.1.1 化学位移

实验发现,光电子峰的能量会因元素所处状态的不同而不同,即所谓的化学位移。化学位移是光电子能谱的一大特色,可以用来区分元素的价态(如不同的氧化态)。又因为原子外围的价电子直接参与原子与周围原子的键合,所以光电子峰中的价带谱的形状会随原子的键合情况而发生明显变化。

光电子峰化学位移的产生源自材料中原子的不同结合状态,或者说,原子之间的电荷转移。当两个原子结合在一起时,外层的电子云发生重组,导致电荷发生转移。原子的电负性越大,其吸引电子的能力越强,在原子与原子结合时,越容易得到电子;反之,原子的电负性越小,其吸引电子的能力就越弱,在原子与原子结合时,越容易失去电子。元素的电负性如表 2.1 所示。

根据泡令原理,原子键合时,电荷转移量与两元素的电负性相关。假如两元素的电负性分别为 χ_1 和 χ_2,那么 1 价离子(单键)的电荷转移量为

$$\Delta q = 1 - e^{-\frac{1}{4}(\chi_2 - \chi_1)^2}$$

(2.1)

式中,Δq 为电荷转移量,单位为电子电荷 e。

同样,2 价离子(双键)的电荷转移量为

表 2.1 元素的电负性

周期	IA	IIA	IIIB	IVB	VB	VIB	VIIB	VIII			IB	IIB	IIIA	IVA	VA	VIA	VIIA	0
1	H 2.1																	He 0
2	Li 0.98	Be 1.57											B 2.04	C 2.55	N 3.04	O 3.44	F 3.98	Ne 0
3	Na 0.96	Mg 1.31											Al 1.61	Si 1.9	P 2.19	S 2.58	Cl 3.16	Ar 0
4	K 0.82	Ca 1.0	Sc 1.36	Ti 1.54	V 1.63	Cr 1.66	Mn 1.55	Fe 1.83	Co 1.88	Ni 1.91	Cu 1.9	Zn 1.65	Ga 1.81	Ge 2.01	As 2.18	Se 2.55	Br 2.96	Kr 0
5	Rb 0.82	Sr 0.95	Y 1.22	Zr 1.33	Nb 1.6	Mo 2.16	Tc 1.9	Ru 2.2	Rh 2.28	Pd 2.2	Ag 1.93	Cd 1.69	In 1.78	Sn 1.96	Sb 2.05	Te 2.1	I 2.66	Xe 0
6	Cs 0.79	Ba 0.89	La 系	Hf 1.3	Ta 1.5	W 2.36	Re 1.9	Os 2.2	Ir 2.2	Pt 2.28	Au 2.54	Hg 2	Tl 2.04	Pb 2.33	Bi 2.02	Po 2	At 2.2	Rn 0
7	Fr 0.7	Ra 0.89	Ac 系															

La 系	La	Ce	Pr	Nd	Pm	Sm	Eu	Gd	Tb	Dy	Ho	Er	Tm	Yb	Lu
	1.1	1.12	1.13	114	1.13	1.17	1.2	1.2	1.1	1.22	1.23	1.24	1.25	1.1	1.27

Ac 系	Ac	Th	Pa	U	Np	Pu	Am	Cm	Bk	Cf	Es	Fm	Md	No
	1.1	1.3	1.5	1.38	1.36	1.28	1.3	1.3	1.3	1.3	1.3	1.3	1.3	1.3

注:表中只标出了有相应数值的元素。

$$\Delta q = 2 \times \left[1 - e^{-\frac{1}{4}(\chi_1 - \chi_2)^2} \right] \tag{2.2}$$

其余价态类推。

例如,当 Zn($\chi_1 = 1.65$)和 O($\chi_2 = 3.44$)结合时,根据式(2.2)可得电荷转移量为 $\Delta q = 2 \times [1 - e^{-\frac{1}{4}(3.44-1.65)^2}] = 1.1$。即 Zn 原子失去 $1.1e$,而 O 原子得到 $1.1e$。注意,由于原子中的电子实际上是电子云,因此转移的并不是整个电子电荷。

由原子得失电子后的等效电荷图(图 2.1)可见,失去外围电子后的原子(正离

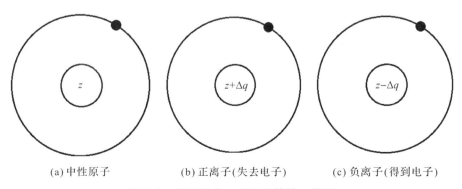

(a) 中性原子   (b) 正离子(失去电子)   (c) 负离子(得到电子)

图 2.1 原子得失电子后的等效电荷图

子)等价于核电荷增加,相反,得到电子的原子(负离子)等价于核电荷减少。由于等效核电荷数的变化,围绕原子核的电子的静电势发生变化,因此电子的结合能也随之变化。对于失去电子的正离子,等效核电荷数增加使得静电势升高,电子结合能增大;相反,对于得到电子的负离子,等效核电荷数减少使得静电势降低,电子结合能减小。

一般情况下,正离子光电子峰的结合能比中性原子的大,而负离子光电子峰的结合能比中性原子的小,且价数越高,光电子峰的偏移位置也越大。这就是光电子峰的化学位移。因此,光电子能谱具有鉴别元素化学状态的能力,所以历史上也被称为化学分析电子能谱(ESCA)。

氟乙酸乙酯的光电子能谱如图 2.2 所示。在氟乙酸乙酯中,4 个 C 原子各处于不同的化学状态。1 号 C 原子与 3 个 F 原子相连,相当于 3 价离子,根据电荷转移公式计算,该 C 原子向 3 个 F 原子转移电荷 $1.761e$。2 号 C 原子与 1 个 O 原子形成单键,与另外 1 个 O 原子形成双键,相当于 3 价离子,计算可得该原子共向 2 个 O 原子转移电荷 $1.085e$。3 号 C 原子与 1 个 O 原子形成单键,相当于 1 价离子,因此向该 O 原子转移电荷 $0.46e$;但该 C 原子与 2 个 H 原子相连,可从 2 个 H 原子获得电荷 $0.1e$,因此 3 号 C 原子净失去电荷 $0.35e$。4 号 C 原子与 3 个 H 原子相连,因此该 C 原子获得 $-0.15e$ 的电荷。

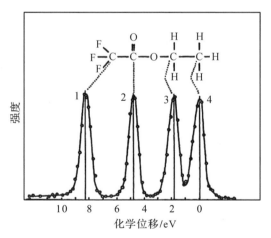

图 2.2　氟乙酸乙酯的光电子能谱

计算得到的电荷转移与图 2.2 得到的化学位移之间的关系如图 2.3 所示,可见两者具有很好的线性关系。注意图中化学位移值以 4 号 C 的峰为参考点。

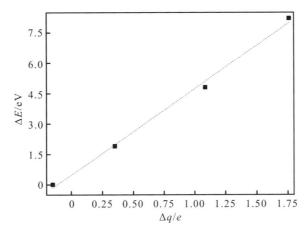

图 2.3 计算得到的电荷转移与图 2.2 得到的化学位移之间的关系

上述简单的模型仅较为适用于球对称的 s 电子云分布,对于涉及 p、d、f 电子的情况,由于电子云的分布不是球对称的,因此化学位移与电荷转移之间的关系要复杂得多。随着量子化学从头计算法(ab initio method)日益成熟,我们已经可以通过量子力学计算原子键合时电荷的转移情况,各位读者不妨试试利用该方法计算电荷转移量。

如图 2.2 所示氟乙酸乙酯的光电子能谱中,不同化学状态的 C1s 峰明显分开,因此非常容易区分。但是在很多情况下,化学位移很小,谱仪的能量分辨率有限,因此不同价态的谱峰难以分开,有时甚至严重重叠,从而很难判断原子的化学状态。

借助计算机峰拟合技术以及差谱等方法,我们可以通过数学手段提取元素的化学状态,但是由此获得的峰拟合结果往往不是唯一的。因此,利用数学软件分峰时必须小心,否则容易得到不合理的结果。个别研究人员为了得到想要的结果,甚至有意识地选择符合自己想法的分峰结果。为此,笔者基于多年从事光电子能谱工作的经验,针对光电子能谱价态分析中的分峰和差谱等方法进行一些简单的讨论,希望对读者有所帮助。

2.1.2 谱峰拟合

由于不同元素的光电子峰或同一元素不同价态的峰经常发生重叠,因此往往需要通过峰拟合程序进行分峰,以确定各元素不同价态的含量。但是,在实际工作中往往发现用计算机软件分峰存在很大的随意性,缺乏经验者往往会获得错误的结果。根据笔者的经验,下面通过双峰拟合给出几点经验,供各位读者参考。

(1)不同状态的光电子峰分开明显

例如,主峰高度为 1,副峰高度为 0.75(图 2.4),而且两者的距离比谱峰的半高宽(full width at half maximum,FWHM)大。在这种情况下,谱线上两个峰明显分开,可以直接设定子峰,通过计算机软件迭代拟合后获得各峰的强度。

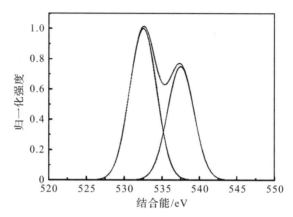

图 2.4　不同元素或不同价态的峰明显分开时的谱峰拟合

(2)形成肩峰

例如,主峰高度为 1,副峰高度为 0.5(图 2.5),谱峰两边明显不对称,但是可以观测到右边有肩峰。在这种情况下,可以直接设定子峰,通过计算机软件迭代后获得各峰的峰位和强度。

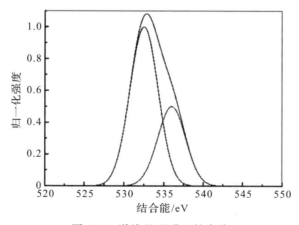

图 2.5　谱峰呈现明显的肩峰

(3)仅能看出峰的不对称

例如,主峰高度为 1,副峰高度为 0.1(图 2.6)。此时观测不到明显的肩峰,但是可见谱峰两侧不对称。在这种情况下,可以在坡度较小一侧设一个子峰,通过计算机软件迭代后仍可获得各峰的强度。

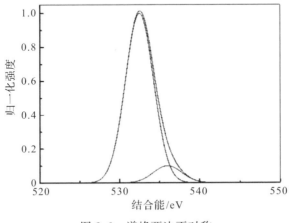

图 2.6 谱峰两边不对称

由于没有明确的峰尖或峰肩出现,因此数学上没有明确的子峰个数的限制。我们也可以按照三个子峰进行分峰,拟合结果也很不错(图 2.7)。实际上,只要子峰设定数量超过实际子峰的数量,计算机总是可以得到不错的拟合结果,在数据信噪比不高的情况下更是如此,但是这种拟合仅仅是数学上的。

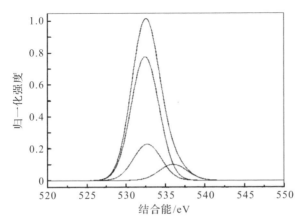

图 2.7 按三个子峰拟合的结果

　　因此,在进行峰拟合时,一定要对样品中元素的状态具备基本的了解,例如,可能存在几种状态,每种状态的峰宽是多少,各峰之间的距离是多少,等等。必要时,可以在峰拟合过程中,根据经验固定各子峰的数量、峰位和峰宽。如仍不能把谱峰拟合好,则可以再考虑增加子峰的数量。原则上,对于肉眼无法明确的峰的分峰,子峰的数量以少为好,逐步增加。

　　须注意拟合结果是否合理,如峰位、峰宽是否适当。一般情况下,元素的价态越高,光电子峰的宽度越宽。不同价态 Si2p 峰的峰宽变化如图 2.8 所示,可见 SiO_2 对应的 2p 光电子峰的宽度明显变大[1]。我们认为,这种宽度增加可能是由导电性能变差引起的。

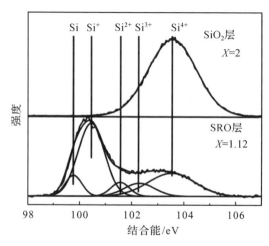

图 2.8　不同价态 Si2p 峰的峰宽变化

　　另外,光电子峰本身的不对称性也会导致分峰结果不正确。不少光电子峰本身并不是严格对称的高斯峰型或高斯-洛伦兹峰型,例如很多过渡金属元素的光电子峰本身就不对称,如果用对称的高斯峰型或高斯-洛伦兹峰型去拟合,就有可能得到错误的结果。此时,应该考虑用不对称峰进行拟合。

　　总之,对光电子峰进行拟合时,分峰须非常小心,要多尝试几次,综合考虑各种因素,以便获得峰位、峰宽均比较合理的结果。

(4)差谱法分峰

　　若两个子峰的相对高度进一步下降,则不易通过肉眼看出谱峰的不对称性以确定是否存在多个峰。此时我们可以利用差谱法分峰:以一个单一化学状态的样品为参考,以从未知样品中测到的光电子峰减去参考样品的光电子峰,即可把隐藏的微弱的峰显示出来。两个高度 1∶0.01 的谱峰叠加的结果如图 2.9(a)所示,凭肉眼完全不知其中存在两个峰。但是把这个谱减去高度为 1 的主峰,则可以清楚地看出在结合能 537.6eV 处高度仅为 0.01 的微弱的峰,如图 2.9(b)所示。因此,通过差谱法可以把隐藏的弱峰提取出来,不过,需要事先对待测样品的谱峰和参考样品的谱峰进行合理的归一化处理。

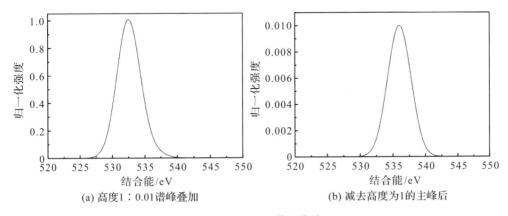

(a) 高度 1∶0.01 谱峰叠加　　　　　　(b) 减去高度为 1 的主峰后

图 2.9　通过差谱法分峰

2.1.3　自旋轨道分裂

电子具有自旋,除 s 电子外,其余轨道对应的光电子峰原则上都有两个,成对出现,分别对应总角动量 $j=l-1/2$ 和 $j=l+1/2$。如 p 轨道,角动量 $l=1$,所以分裂成 $p_{1/2}$ 和 $p_{3/2}$;又如 d 轨道,角动量 $l=2$,所以分裂成 $d_{3/2}$ 和 $d_{5/2}$;依此类推。

两个自旋轨道峰的相对强度 I 与中轨道角动量 j 有关:

$$I \propto 2j+1 \tag{2.3}$$

因此,对于 p 轨道,$p_{3/2}$ 与 $p_{1/2}$ 的峰面积比为 $\dfrac{I_{3/2}}{I_{1/2}} = \dfrac{2 \times \dfrac{3}{2}+1}{2 \times \dfrac{1}{2}+1} = 2 \colon 1$;对于 d 轨道,$d_{5/2}$ 与 $d_{3/2}$ 的峰面积比为 3∶2;依此类推。Cr2p 的光电子能谱如图 2.10 所示,可以看出 Cr2p 分裂为 $Cr2p_{3/2}$ 和 $Cr2p_{1/2}$,且两者强度比为 2∶1[1]。

实验发现,不同价态光电子峰的峰位会因化学位移而不同,且其自旋轨道分裂的间距不同。由金属 Ti 和 TiO_2 的 2p 光电子能谱(图 2.11)可见,两者峰位不同,且 $2p_{3/2}$ 峰和 $2p_{1/2}$ 峰的间距也不同[2],由此可判断 Ti 的价态。这在样品存在荷电效应时非常有用,因为荷电效应往往会导致谱峰偏移,但是 $2p_{3/2}$ 峰和 $2p_{1/2}$ 峰的间距不受荷电效应影响。

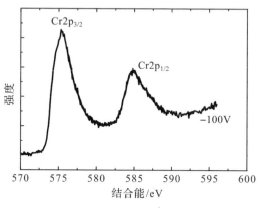

图 2.10 Cr2p 的光电子能谱

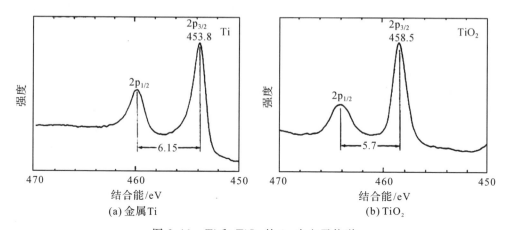

图 2.11 Ti 和 TiO_2 的 2p 光电子能谱

若发现这两个自旋轨道峰的强度比偏离正常值,则可以怀疑强度偏大的那个峰中可能有其他的峰叠加在内。这两个自旋轨道峰是一个整体,总是成对出现,不要误认为它们是元素的两种价态对应的峰。这两个峰的间距与元素价态有关,因此常常可以由此确定元素的价态。

另外,受限于谱仪光源宽度和能量分析器分辨率,有的元素的两个自旋轨道分裂峰因靠得太近而无法分开。如图 2.12 所示,由谱图的 Al K_α/Mg K_α 非单色

X 射线激发的 Si2p 看上去只有一个峰,但是在同步辐射单色光源的激发下,Si2p 明显呈现两个子峰[3]。

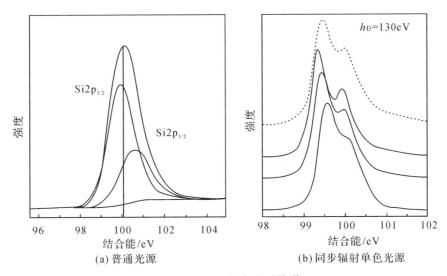

图 2.12 Si2p 的光电子能谱

(a) 普通光源 (b) 同步辐射单色光源

2.1.4 震激能量损失峰

震激(shake-up)是指光电子在向表面运动过程中,与价带电子发生碰撞,使得价带电子向更高能级跃迁(transition)的一种碰撞形式。价带电子在向上跃迁的过程中损失能量,因此在光电子峰的低动能侧出现一个新的峰,一般称之为卫星峰(satellite)或伴峰。

震离(shake-off)是指光电子在向表面运动过程中,与价带电子发生碰撞,直接把价带电子激发(excitation)出来的一种碰撞形式。因为被激发的价电子进入能量连续的状态,没有确定的能量,所以在光电子峰的低动能侧形成拖尾结构,这对价态鉴别没有帮助。

图 2.13 为不同价态 Cu2p 的光电子能谱。CuO 的 2p 电子出现了四个峰,其中两个为正常的自旋轨道分裂峰,另两个为与它们相关的震激峰[2]。Cu_2O 的光电子能谱中也有震激峰,但是强度较低,且能量与 CuO 中的不同。金属 Cu 对应的 2p 光电子峰只有很弱的震激峰。因此,可以通过震激峰的强度和能量确定样品中 Cu 的价态。这种方法在确定过渡金属和稀土元素的价态时非常有用,因为这些元素的氧化物和化合物经常出现非常明显的震激峰。不过,由于金属 Cu 和 Cu_2O 的 2p 光电子峰差别太小,因此仅仅从卫星峰和化学位移无法准确地区分它们。

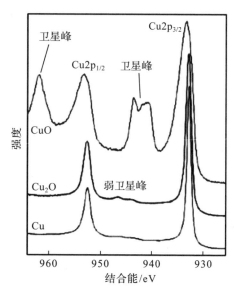

图 2.13 不同价态 Cu2p 的光电子能谱

2.1.5 光电子能谱中的俄歇电子峰

在光电子能谱图中,往往还存在俄歇电子峰。例如图 2.14 中的 KLL 和 LMM 均表示俄歇电子峰。这是电子从较高能量状态跃迁下来时,把能量转移给另外一个电子,并使得该电子逸出固体表面所形成的。

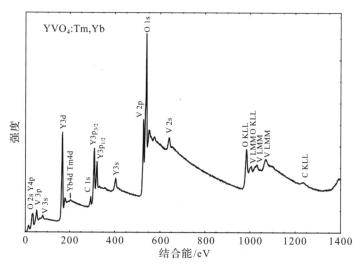

图 2.14 光电子能谱中的俄歇电子峰

在某些情况下,不同价态元素的光电子峰的化学位移很小,因此无法判断其化学状态。但是,其对应的俄歇电子峰在跃迁过程中常涉及价带电子,而价电子对原子周边的环境变化很灵敏,所以俄歇电子峰的峰型可能发生改变,且化学位移可能很大。

图 2.15 为光电子能谱中不同价态 Cu 的 LMM 俄歇电子能谱,可见在光电子能谱中很难区分的金属 Cu 和 Cu_2O,其俄歇电子峰却明显不同。Cu 三种价态对应的俄歇电子峰的峰型、峰位和峰宽均不相同,因此非常容易区分。

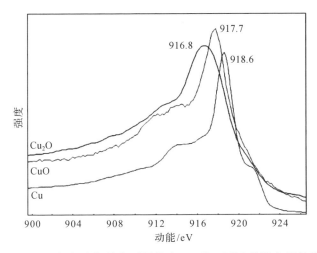

图 2.15　光电子能谱中不同价态 Cu 的 LMM 俄歇电子能谱

除了 Cu,其他元素也有类似情况。因此,当某元素光电子峰的化学位移很小时,不妨看一看其对应的俄歇电子峰是否有较大位移。

表 2.2 给出了几种金属氧化物光电子峰和俄歇电子峰的化学位移,可见俄歇电子峰的化学位移远远大于光电子峰的化学位移。由于俄歇电子峰涉及价带电子,对化学环境最敏感,因此其化学位移很大。

表 2.2　几种金属氧化物光电子峰和俄歇电子峰的化学位移

状态变化	光电子峰位移/eV	俄歇电子峰位移/eV
$Cu \rightarrow Cu_2O$	0.1	2.3
$Zn \rightarrow ZnO$	0.8	4.6
$Mg \rightarrow MgO$	0.4	6.4
$Ag \rightarrow Ag_2SO_4$	0.2	4.0
$In \rightarrow In_2O_3$	0.5	3.6

2.1.6 光电子能谱的俄歇参数

在利用化学位移确定元素的价态时,化学位移或者说谱峰的位置是至关重要的。谱峰位置错误将导致化学位移错误,从而使得元素价态鉴别出错。谱峰位置出现偏差的主要原因是样品的荷电效应。X 射线激发出光电子后,如果样品导电性能不好,或样品与谱仪没有形成良好的电接触,那么样品将因失去光电子及二次电子而带正电,这就使得光电子离开样品需要克服荷电带来的势垒,光电子峰动能减小,谱峰位置向高结合能方向移动。

一般情况下,我们可以通过样品表面的碳氢化合物的 C1s 峰作为内标,把 C1s 峰位置设定为 284.5eV,以纠正荷电引起的谱峰偏移。但是样品表面碳氢化合物的来源可能各不相同,对应的 C1s 峰位置并不精确等于 284.5eV,因此,对于化学位移很小的谱峰,以 C1s 峰位置为内标很难完全消除荷电带来的位置偏移。另外,当样品本身含有 C 元素时,用 C1s 作为内标就更不合适了。

光电子能谱中的光电子和俄歇电子在逸出样品表面时,克服了相同的由荷电引起的势垒,因此以同一谱图中俄歇电子峰的能量减去光电子峰的能量,可以消除荷电的影响。这一差值称为俄歇参数 α,其定义为

$$\alpha = E_k^A - E_k^P \tag{2.4}$$

式中,E_k^A 为俄歇电子峰的动能,E_k^P 为光电子峰的动能。

为避免俄歇参数出现负值,俄歇参数也往往定义为 α',即

$$\alpha' = \alpha + h\nu \tag{2.5}$$

也可改写为

$$\alpha' = h\nu + E_k^A - E_k^P = E_b^P + E_k^A \tag{2.6}$$

式中,E_b^P 为光电子峰的结合能。光电子峰的能量以结合能表示,俄歇电子峰的能量以动能表示。

几种含 Cu 样品的俄歇参数如表 2.3 所示。其中,Cu 的俄歇参数为 1851.2eV,Cu_2O 的俄歇参数为 1849eV,而 CuO 的俄歇参数为 1851.8eV。三个价态对应的俄歇参数差值大于 0.8eV,因此可以清楚地把 Cu 的价态分开,而且不受荷电效应的影响。

商用的光电子能谱仪一般配有完整的谱图手册,可以查看相关元素的俄歇参数,并辅以二维化学状态图。以俄歇电子动能和光电子结合能画出的 Cu 的二维化学状态图(图 2.16)可用于确定 Cu 的化学状态。其他元素也有类似的参数二维

表 2.3　几种含 Cu 样品的俄歇参数

样品	Cu2p$_{3/2}$/eV	Cu LMM/eV	俄歇参数/eV
Cu	932.6	918.6(平均值)	1851.2
Cu$_2$Se	931.9	917.6	1849.5
Cu$_2$S	932.5	917.4	1849.9
CuCl	932.5	915.3(平均值)	1847.8
Cu$_2$O	932.5	916.5(平均值)	1849
CuS	932.2	917.9	1850.1
CuO	933.7	918.1	1851.8
CuSiO$_3$	934.9	915.2	1850.1
CuCO$_3$	935.0	916.3	1851.3
Cu(OH)$_2$	935.1	916.2	1851.3
CuCl$_2$	935.2	915.3	1850.5
Cu(NO$_3$)$_2$	935.5	915.5	1851
CuSO$_4$	935.5	915.6	1851.1

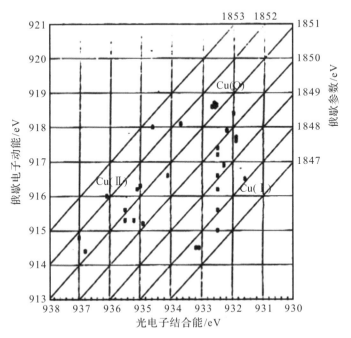

图 2.16　Cu 的二维化学状态图

图,可以通过查阅谱图手册得到。在无法通过光电子峰的化学位移确定元素的化学状态时,可以试试俄歇参数及二维化学状态图[2]。不过一定要注意,这里俄歇电子的能量为动能,光电子的能量为结合能。

2.1.7 价带谱

光电子能谱的低结合能端(大约 0~30eV)反映了固体中价电子或外围电子的结合状态,或者说反映了最高被填充能带的电子状态密度。原子与原子结合时,主要涉及外围电子(价电子)。在光电子能谱图中,价电子位于结合能很小的区域,因此,通过分析光电子能谱低结合能端的形状可以间接判断价电子的状态密度,从而获得原子价态的信息。

聚乙烯、聚丙烯和聚丁烯三种样品的价带谱如图 2.17 所示。这三种材料都由 C 和 H 组成,因此其 C1s 光电子峰的峰位和形状几乎没有差别,但是其原子结合方式不同,对应的价带谱也不同[4]。

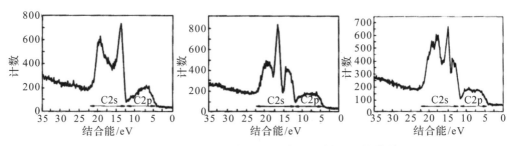

图 2.17　聚乙烯、聚丙烯和聚丁烯三种样品的价带谱

由于实验室用的光电子能谱仪光源强度有限,X 射线激发的价带谱的强度较低,而且能量分辨率不高,因此最好用紫外线激发的光电子能谱(ultra-violet photoelectron spectroscopy,UPS)进行价态分析,或者利用同步辐射的单色 X 射线作为光源进行分析。

2.2　俄歇电子能谱

2.2.1　俄歇电子峰的化学位移

与光电子能谱中的光电子一样,俄歇电子也有化学位移,而且因为不少俄歇电子的跃迁过程涉及价带电子,所以其化学位移往往更大,因此俄歇电子能谱也完全可用于元素价态分析。俄歇电子涉及三个能级,对其化学位移的解释没有光电子能谱中的光电子那样直接,情况比较复杂。由样品表面 C 和样品体内 C 的俄歇电子峰(图 2.18)可以清楚地看到,它们的动能存在明显不同,相应的化学位移比光电子峰的化学位移大[5]。

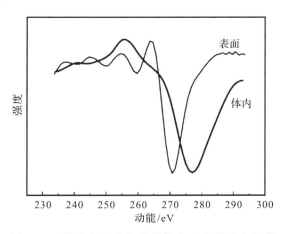

图 2.18　样品表面 C 和样品体内 C 的俄歇电子峰

2.2.2　俄歇电子峰的形状变化

从图 2.18 还可以看出,不同价态 C 原子的俄歇电子峰除了化学位移外,其宽度和形状也有明显变化。从图 2.15 所示的 X 射线激发俄歇电子峰也可以清楚地看到,不同价态 Cu 的俄歇电子峰的形状具有很大差别。这是因为俄歇电子峰一般涉及一个或者两个价带电子能级,因此其峰型与价带电子状态密度有很大的关系,而价带电子的状态密度由原子的结合形式决定。

2.2.3　价带电子状态密度

涉及两个价带电子的俄歇电子峰,其形状受价带状态密度的影响很大。基于对此类俄歇电子峰的分析,不但可以通过此峰的形状和峰位判断元素的化学状态,而且可以通过退自卷积获取价带信息。涉及两个价带的俄歇电子峰的强度 $I(E)$ 与材料的价带状态密度有关,即

$$I(E) \propto \int_{E_{V_m}}^{E_{V_M}} g(E_V) g(E - E_V) \mathrm{d}E_V \tag{2.7}$$

式中, $g(E)$ 为材料的价带状态密度, E_V 为价带中某能级的能量, E_{V_M} 和 E_{V_m} 分别为价带顶和价带底对应的能量(图 2.19)。

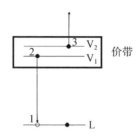

图 2.19　涉及两个价带电子的俄歇跃迁过程

由于 $g(E)$ 在价带外为 0,因此强度公式(2.7)中的积分限可以拓展到无穷大,即

$$I(E) \propto \int_{-\infty}^{\infty} g(E_V)g(E-E_V)\mathrm{d}E_V \tag{2.8}$$

与数学中函数的卷积 $f(t) = \int_{-\infty}^{\infty} f_2(\tau)f_2(t-\tau)\mathrm{d}\tau$ 比较后可知,式(2.8)实际上是函数 $g(E)$ 的自卷积,此时积分号内的两个函数相同。因此,通过去除俄歇跃迁强度的自卷积,即退自卷积,可获得材料的价带状态密度。有关退自卷积的数学方法不在这里具体介绍。

由 XPS 价带谱和 UPS 可以直接得到价带电子的状态密度信息,因此在有条件的情况下,建议采用上述两种技术直接获得价带电子信息。

2.3　电子能量损失峰

等离子激元是固体中电子的集体振荡形式。在量子力学中振荡可以等价为谐振子,具有确定的能量 $\hbar\omega_p$,这里 ω_p 为等离子振荡频率, $\hbar$ 为约化普朗克常数。特定能量的电子在材料中运动时可能与等离子激元发生相互作用,导致能量损失。电子损失的能量为等离子激元能量 $\hbar\omega_p$ 的整数倍,因此在低动能侧(高结合能侧)出现一个或多个吸收峰。一些材料的等离子激元能量如表 2.4 所示。可以通过峰与峰之间的距离,判断是否为等离子激元峰;如果一系列峰之间的间隔相等,则可以判断为等离子激元峰。

表 2.4 一些材料的等离子激元能量

材料	$\hbar\omega_p/eV$	材料	$\hbar\omega_p/eV$
Be	19.0	Ge	16.7
Mg	10.5	C(石墨)	7.5
Al	15.0	Si	17.0

　　等离子激元能量与原子种类有关,也与原子的化学状态有关。例如金属和金属氧化物的等离子激元能量是不同的。能量损失峰可以在光电子能谱中观测到,图 2.20 为 Al2s 光电子谱,Al2s 高结合能侧(低动能侧)的等离子激元损失峰清晰可见[6]。能量损失峰也可以在俄歇电子能谱中观测到,图 2.21 为 N 在不同金属中的俄歇电子能谱(微分谱)[7]。

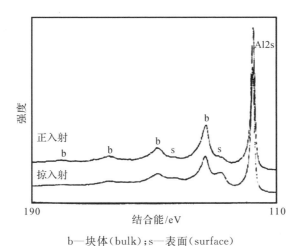

b—块体(bulk);s—表面(surface)

图 2.20 Al2s 光电子能谱中的能量损失峰

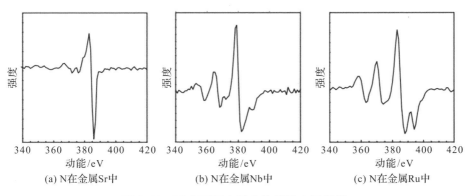

(a) N在金属Sr中　　(b) N在金属Nb中　　(c) N在金属Ru中

图 2.21 N 在不同金属中的俄歇电子能谱

不过,能量损失峰的强度一般很小,要在光电子能谱或俄歇电子能谱中观测到明显的等离子能量损失峰不太容易。因此,电子能量损失谱(electron energy loss spectroscopy,EELS)往往通过测量单色电子束在样品表面反射后的能量分布获得。实际上我们完全可以利用电子束激发的俄歇电子能谱测量 EELS 谱,只要入射电子束的能量单色性足够好即可。

1000eV 电子束入射到 InP 和金属 In 表面后的 EELS 谱如图 2.22 所示,可见两者差别很大[8]。InP 表面经 H^+ 轰击后 EELS 谱接近金属 In 的 EELS 谱,表示 H^+ 轰击可以还原出金属 In。

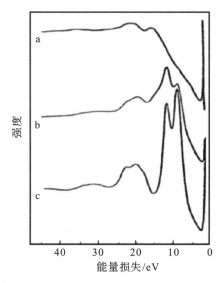

a—刚导入超高真空室时;b—H^+ 轰击后;c—纯金属 In

图 2.22　1000eV 电子束入射到 InP 和金属 In 表面后的 EELS 谱

2.4　X 射线吸收谱

2.4.1　吸收边化学位移

除了元素成分分析,X 射线吸收谱也可以分析元素的价态。不同价态 Fe 的 K 吸收边如图 2.23 所示,可见 Fe^{2+} 和 Fe^{3+} 的吸收边是不同的,因此可以通过吸收边的能力值确定 $Mn_{2-x}Fe_xBO_4$ 中的 Fe 为 Fe^{3+}[9]。

不同物质中 S 的 K 吸收边如图 2.24 所示,可见也是明显不同的[10]。

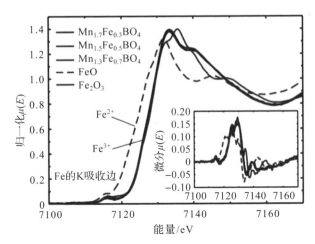

图 2.23　不同价态 Fe 的 X 射线吸收谱

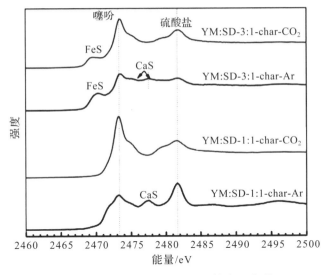

图 2.24　不同物质中 S 的 X 射线吸收谱

2.4.2　X 射线吸收精细结构

(1)基本原理

对于孤立原子的 X 射线吸收曲线,偶极发射理论预期,当入射 X 射线的能量接近元素的某一谱线的吸收边时,随着 X 射线能量的增加,吸收强度会陡峭上升,然后单调平滑下降,这个陡峭上升点对应的能量称为该元素的吸收边能量。但是,1974 年艾森伯格(P. Eisenberger)和金凯德(B. Kincaid)通过同步辐射光源,在 Cu 箔的 X 射线吸收谱中发现了明显的强度振荡现象。固体材料中也存在类似孤立原子的吸收边,如图 2.25 所示,吸收强度在吸收边附近陡峭上升,但是在能量大于吸收边后,强度并不单调下降,而是呈现一系列振荡现象。这种强度振荡现象称为 X 射线吸收精细结构(XAFS)。

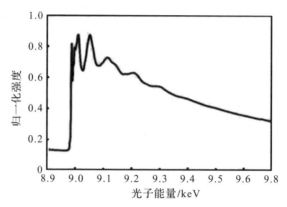

图 2.25　实验测到的 Cu 箔的 K 吸收边及 X 射线吸收精细结构

　　一般来说,能量在吸收边以上 50eV 范围内的振荡结构被称为 X 射线吸收近边结构(X-ray absorption near edge structure,XANES)或近边 X 射线吸收精细结构(near edge X-ray absorption fine structure,NEXAFS)。能量比吸收边高 50eV 以上的振荡结构被称为扩展 X 射线吸收精细结构(extended X-ray absorption fine structure,EXAFS)。XANES 和 EXAFS 的大致范围如图 2.26 所示。XANES 和 EXAFS 合称 XAFS,已被研究得较透彻,随着同步辐射技术的发展,现已广泛应用于确定特定原子邻近原子的种类、配位数、键长等重要信息。

　　理论研究表明,XAFS 是由被 X 射线激发出来的光电子波与邻近原子对这些波的散射及干涉所形成的。当 X 射线入射到固体上时,会激发出电子,即所谓的光电子。随着入射 X 射线能量的改变,相应的光电子动能及德布罗意波长跟着改变,因而光电子的干涉条件也相应改变,这导致光电子强度随 X 射线的波长发生周期性变化。这意味着该原子对 X 射线的吸收强度

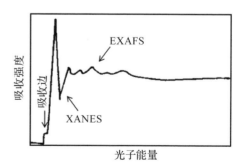

图 2.26　EXAFS 和 XANES 的大致范围

也会发生周期性变化,使得 X 射线的吸收强度产生了振荡式的精细结构。

(2)理论分析

当一束能量为 E、强度为 I_0 的单色 X 射线入射到厚度为 d 的样品(单质)上时,由于样品对 X 射线的吸收,透射 X 射线的强度为

$$I = I_0 e^{-\mu d} \tag{2.9}$$

式中,μ 为 X 射线吸收系数,与样品的密度 ρ、原子序数 Z、原子质量 A、X 射线的能量 E 有关。当 X 射线的能量与元素中电子的结合能级差相差较大,即不在吸收边附近时,

$$\mu = \frac{\rho Z^4}{A E^3} \tag{2.10}$$

可见,在非吸收边附近,μ 在能量增加时迅速减小,而且原子序数越大,吸收系数也越大,即重元素对 X 射线吸收强。

对于 XANES,谱线在 50eV 范围内呈现较大的强度振荡,其中包含邻近原子的种类、邻近原子与该原子结合的键角、该原子的价态等信息。

对于 EXAFS,谱线在 $50\sim1000eV$ 范围内呈现较弱的振荡结构,其中包含发出光电子的原子与背向散射光电子的邻近原子的配位数、原子间距、元素种类、晶格热振动等信息。

数学上可以把振荡结构提取出来,即

$$\chi(E) = \frac{\mu(E) - \mu_0(E)}{\mu_0(E)} \tag{2.11}$$

一般把吸收谱的横坐标改为波数,则

$$\chi(k) = \frac{\mu(k) - \mu_0(k)}{\mu_0(k)} \tag{2.12}$$

式中,μ 为实验得到的含有振荡结构的吸收系数,μ_0 为去掉振荡后的吸收系数,两者之差 χ 为包含散射和干涉的精细结构。理论研究表明,χ 可以通过下式定量计算:

$$\chi(k) = \sum_j \frac{N_j f_j(k) e^{-2R_j/\lambda(k)} e^{-k^2 \sigma_j^2}}{k R_j^2} \sin[2kR_j + \delta_j(k)] \tag{2.13}$$

式中,k 为能量为 E 的电子对应的波矢(即电子德布罗意波长的倒数),j 为邻近原子的序号,N_j 为等价的邻近原子个数,f_j 为原子 j 的散射强度,R_j 为原子 j 与发生光电子原子的距离,σ_j 为原子 j 的热振动幅度(或德拜-沃勒因子),λ 为能量为 E 的光电子对应的非弹性散射平均自由程,δ_j 为散射引起的相移。

不难看出,式(2.13)实际上相当于 R_j 的傅里叶变换,因此可以通过傅里叶逆变换得到 R_j 即键长的信息。傅里叶逆变换后的结果中,横坐标为邻近原子与发射光电子原子之间的距离,纵坐标相当于距离为 R_j 的原子的数量,即配位数。

　　从 X 射线吸收精细结构谱到提取出 χ，以 k 为横坐标，再通过傅里叶变换即可得到原子坐标 R_j 及配位数。实验测得的 $\chi(k)$ 以及经傅里叶变换得到的 R_j 与配位数如图 2.27 所示。

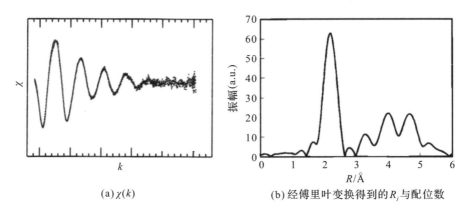

(a) $\chi(k)$　　　　　　(b) 经傅里叶变换得到的 R_j 与配位数

图 2.27　从 X 射线吸收精细结构谱获取近邻原子的距离和配位数

(3) 应用实例

　　图 2.28 为几种含 Zn 化合物的 X 射线吸收近边结构(XANES)谱及相应的 R 空间曲线[11]。不同含 Zn 化合物中，Zn 原子的 R 空间曲线是不同的，因此，通过 R 空间曲线可反过来判断含 Zn 化合物的种类。

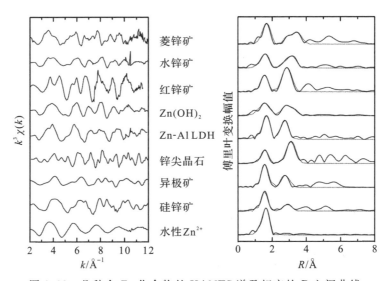

图 2.28　几种含 Zn 化合物的 XANES 谱及相应的 R 空间曲线

2.5　红外吸收光谱

　　除了判定元素成分外,红外吸收光谱还具有分子指纹特性,即它与分子或固体材料中原子间的键合方式、键长、键角、原子构成等密切相关。红外吸收光谱测量的是原子(离子)间形成的偶极矩的振动,这与原子间的键强、键长、键与键之间的夹角、键两端的原子质量等相关。因此,利用红外吸收光谱可以间接判断材料的晶相。

　　图 2.29 为不同晶型钻石的红外吸收光谱。其中,样品 RD-1、RD-3 和 RD-8 在波数 1282cm^{-1}、1175cm^{-1} 处存在明显的吸收峰,因此可确定为 ⅠaAB 型钻石;样品 RD-7 在 1175cm^{-1}、1332cm^{-1} 处有吸收峰,因此可确定为 ⅠaB 型钻石。样品 RD-5 在 1100～1400cm^{-1} 几乎无吸收,因此可确定为 Ⅱa 型钻石[12]。可见,红外吸收光谱可以在某些场合确定晶体材料的晶型。

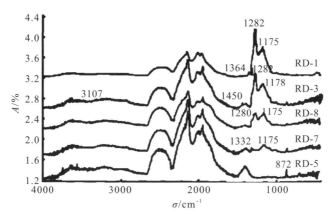

图 2.29　不同晶型钻石的红外吸收光谱

2.6　拉曼光谱

2.6.1　基本原理

　　当一束频率为 ν_0 的单色光入射到材料上时,会发生散射。散射光中与入射光频率相同的成分称为瑞利散射(Rayleigh scattering);散射光中与入射光频率不同的成分称为拉曼散射(Raman scattering),其频率($\nu_0 \pm \Delta\nu$)对称分布在 ν_0 两侧。其中,频率较小的成分($\nu_0 - \Delta\nu$)称为斯托克斯线(Stokes line),频率较大的成分($\nu_0 + \Delta\nu$)称为反斯托克斯线(anti-Stokes line)。瑞利散射和拉曼散射的谱线合称拉曼光谱(Raman spectroscopy)。

由于拉曼散射谱线强度很弱,一般情况下大约只有瑞利散射的 $1/1000$,因此,在激光器出现前很难被观测到。高性能激光器的问世,提供了高强度的单色光,使得观测拉曼散射变得容易,大大促进了拉曼光谱的研究及其应用。拉曼光谱已经广泛应用于材料成分分析、分子结构确定、纳米粒子分析等领域。

拉曼散射的本质是材料中声子吸收入射光子能量或向入射光子放出能量的物理现象。声子的频率与材料中分子/基元的转动、振动及晶格振动相关,其能量 E_p 与振动频率 ω_p 相关,即

$$E_p = n\hbar\omega_p \quad (n = 1, 2, \cdots) \tag{2.14}$$

或者用更严格的量子力学公式表示:

$$E_p = \left(n + \frac{1}{2}\right)\hbar\omega_p \quad (n = 0, 1, \cdots) \tag{2.15}$$

当相邻两个能级的声子跃迁时,吸收或放出的能量为 $\Delta E_p = \hbar\omega_p$,可见 ω_p 就是前面的 $\Delta\omega$。如果入射光把部分能量转移给声子,使得声子跃迁进入高能态,那么出射光的光子能量降低,出射光的能量为

$$\hbar\nu = \hbar\nu_0 - \Delta E_p = \hbar\nu_0 - \hbar\omega_p \tag{2.16}$$

该频率位移称为斯托克斯位移。

相反,如果入射光吸收声子释放的能量,即声子从高能态向下跃迁并把能量转移给光子,那么出射光的能量为

$$\hbar\nu = \hbar\nu_0 + \Delta E_p = \hbar\nu_0 + \hbar\omega_p \tag{2.17}$$

该频率位移称为反斯托克斯位移。绝大多数情况下,反射斯托克斯位移的强度小于斯托克斯位移的强度。

光子与声子的相互作用如图 2.30 所示。过程 1、3、5 表示声子吸收入射光子的能量,为斯托克斯过程;过程 2 和 4 表示光子吸收声子的能量,为反斯托克斯过程。拉曼光谱中斯托克斯位移和反斯托克斯位移如图 2.31 所示。

由于不同晶体结构的基元组成、键长、键角等各不相同,因此不同晶型、不同结晶状态对应的声子的振动频率和状态密度也不同。由此,拉曼光谱可间接确定材料的成分和结晶状态,而且像红外吸收光谱一样具有"分子指纹"鉴别能力。

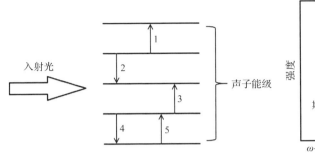

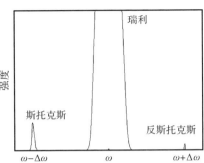

图 2.30　光子与声子的相互作用　　　图 2.31　斯托克斯位移和反斯托克斯位移

与红外吸收光谱不同,极性分子或基元(红外活性)和非极性分子或基元(非红外活性)都能产生拉曼光谱。这是因为红外吸收光谱中吸收或放出的是偶极子的振动能量对应的红外光子,受制于偶极跃迁规则;而拉曼散射中吸收或放出的声子与偶极子无关,对应的是入射的可见光光子被声子非弹性散射的过程,相当于物理中的两体散射,因此不受偶极跃迁规则制约。

2.6.2　拉曼光谱仪的构造

拉曼光谱仪的结构如图 2.32 所示。激光发出的单色光照射在待测样品上,散射光经透镜组聚焦后输入紫外-可见光谱仪。测量散射光随波长/波矢的强度变化,即可获得拉曼光谱。

2.6.3　应用实例

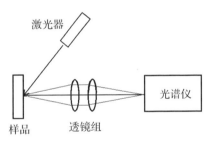

图 2.32　拉曼光谱仪结构

拉曼光谱与分子振动有关,因此也与分子或固体材料中原子间的键合方式、键长、键角、原子构成等密切相关。

图 2.33 为 Si 衬底上生长的类金刚石膜的拉曼光谱,可以非常清楚地区分金刚石结构的 C(D) 和石墨结构的 C(G)[13]。

图 2.34 为 SiC 衬底上生长的 C 膜的拉曼光谱,其中 a、b、c 生长在 SiC 的 C 原子面,d 生长在 SiC 的 Si 原子面[14]。C 膜有三种状态,即石墨相 G、石墨烯相 2D 和金刚石相(最左边的小峰)。对于石墨烯相,Si 原子面生长的石墨烯相含量比 C 原子面生长的要高,可见拉曼光谱在分析低维晶体结构时非常有用。

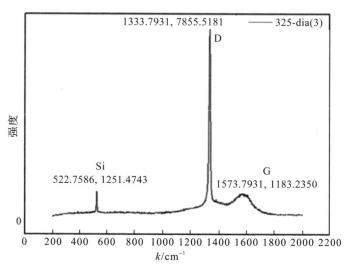

图 2.33 Si 衬底上生长的类金刚石膜的拉曼光谱

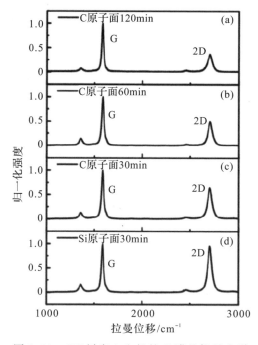

图 2.34 SiC 衬底上生长的 C 膜的拉曼光谱

图 2.35 为 Si 衬底上生长的非晶 Si 膜的拉曼光谱,可见在 $125\sim175\text{cm}^{-1}$ 存在对应非晶 Si 膜的拉曼散射峰。

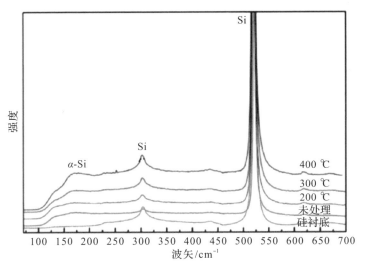

图 2.35 Si 衬底上生长的非晶 Si 膜的拉曼光谱

2.7 X 射线衍射

X 射线衍射(X-ray diffraction,XRD)可用于确定物相,由此确定材料的晶体结构,从而间接地知道样品中原子的结合情况。有关 XRD 的详细介绍请参考第 3.2 节。

2.8 二次离子质谱

二次离子质谱利用高能离子入射固体表面并溅射出二次离子,通过分析二次离子的质谱获得样品表面的成分信息。在溅射出的离子中,除了单原子离子外,还存在一些与材料中分子或基元相关的基团离子。通过分析基团离子,可以获知样品中元素之间的结合方式。

参考文献

［1］ Xiang Y X，Huang L L，Zou C W. Effects of bias voltages on the structural，mechanical and oxidation resistance properties of Cr-Si-N nanocomposite coatings［J］. Coatings，2020，10(8)：796.

［2］ Wanger C D，Riggs W M，Davis L E，et al. Handbook of X-ray Photoelectron Spectroscopy［M］. Eden Prairie，MN，US：Perkin-Elmer Corporation，1992.

［3］ Qi B，Shayestehaminzadeh S，Olafsson S. Formation and nitridation of InGa composite droplets on Si(111)：In-situ study by high resolution X-ray photoelectron spectroscopy［J］. Applied Surface Science，2014，303：297-305.

［4］ 布里格斯. 聚合物表面分析［M］. 曹立礼，邓宗武，译. 北京：化学工业出版社，2001.

［5］ Dronov A，Gavrilin I，Kirilenko E，et al. Investigation of anodic TiO_2 nanotube composition with high spatial resolution AES and ToF SIMS［J］. Applied Surface Science，2018，434：148-154.

［6］ Kruczek M，Talik E，Sakowska H，et al. XPS investigations of YVO_4：Tm，Yb single crystal［J］. Journal of Crystal Growth，2005，275(1-2)：E1715-E1720.

［7］ Soto G，de la Cruz W，Farís M H. XPS，AES，and EELS characterization of nitrogen-containing thin films［J］. Journal of Electron Spectroscopy and Related Phenomena，2004，135：27-39.

［8］ Ghaffour M，Abdellaoui A，Bouslama M，et al. AES，EELS and TRIM simulation method study of InP(100) subjected to Ar^+，He^+ and H^+ ions bombardment［J］. First Euro Mediterranean Meeting on Functionalized Materials：EPJ Web of Conferences，2012，29：00020.

［9］ Platunov M S，Kazak N V，Knyazev Y V. Effect of Fe-substitution on the structure and magnetism of single crystals $Mn_{2-x}Fe_xBO_4$［J］. Journal of Crystal Growth，2017，475：239-246.

［10］ Guo H Q，Fu Q，Zhang L，et al. Sulfur K-edge XAS study of sulfur transformation behavior during pyrolysis and co-pyrolysis of biomass and coals under different atmospheres［J］. Fuel，2018，234：1322-1327.

［11］ Roberts D R，Ford R G，Sparks D L. Kinetics and mechanisms of Zn complexation on metal oxides using EXAFS spectroscopy［J］. Journal of Colloid and Interface Science，2003，263(2)：364-376.

［12］ 王健行，陈美华，王礼胜. 俄罗斯高温高压处理钻石特征［J］. 宝石和宝石学杂志，2010，12(3)：5-8.

［13］ Huber F，Madel M，Reiser A，et al. New CVD-based method for the growth of high-quality crystalline zinc oxide layers［J］. Journal of Crystal Growth，2016，445：58-62.

［14］ Ren R，Li X，Yunwen J Y. The electronic transport characteristics in wide band-gap nitrogen vacancy diamond/Si hetero-structure using Raman spectrum［J］. Journal of Crystal Growth，2020，532：125238.

第 3 章　晶体结构分析

3.1　激光定向

经化学腐蚀或喷砂处理的晶体表面往往会露出较小的晶面,其方向与晶体的对称性相关。当一束很细的光束照射到晶体表面时,反射光束在屏幕上的投影反映了晶面的对称性。因此,可以通过此方法获得晶体的对称性。虽然聚焦的光源一般都可用于光斑衍射,但是激光因其亮度高、束斑小,而被用作光斑对称性实验的光源。

在进行激光光斑实验时,对非常光滑的表面必须进行适当处理,例如通过化学腐蚀或喷砂,使晶体表面适当露出小晶面。通过激光衍射斑点观测晶向的方法如图 3.1 所示。

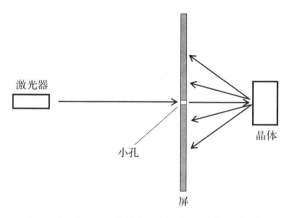

图 3.1　通过激光衍射斑点观测晶向的方法

　　图 3.2 为经腐蚀处理的 Si(111)表面的金相照片,表面呈现很多三角形的蚀坑,符合 Si(111)表面的三度对称性特征[1]。虽然从金相照片可以看出 Si(111)表面对应的三角形小晶面,但是仅从金相照片很难确定晶面的偏差。因此,需要通过激光衍射斑点进一步确定金相。

图 3.2　经腐蚀处理的 Si(111)表面的金相照片

　　当激光束照射到晶体表面时,由于每个小面都很小,因此反射光束的束斑会因衍射效应得到放大,最终在屏幕上获得与小晶面对应的衍射投影图像。Ge 单晶和 Si 单晶的激光衍射斑点形状如图 3.3 所示[2]。

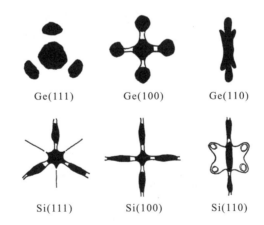

图 3.3　Ge 单晶和 Si 单晶的激光衍射斑点形状

　　由于激光定向精度不高,而且需要对样品进行破坏性处理,因此随着 X 射线衍射(XRD)等晶体定向设备的普及,这种方法已很少使用。但是,在要求不高或者野外没有 XRD 等定向设备的场合,这种简易的定向方法仍有一定的使用价值。

3.2　X 射线衍射

3.2.1　基本原理

X 射线衍射是标准的确定晶体结构和晶相的方法。目前,大多材料实验室配备有 X 射线衍射仪,用于材料晶相分析和晶片的精确定向。

我们知道,当可见光的波长与障碍物的尺寸相当时,会发生衍射和干涉。实际上,只要波长与物体的尺寸相当,所有电磁波都会发生衍射和干涉。

对于 X 射线,例如 Cu K_α,波长为 0.154nm,与原子尺寸相当,与晶体中原子间的距离也相当,因此 Cu K_α 在晶体中能够发生很强的衍射和干涉。

由光学理论可知,衍射发散角的公式为

$$\Delta\theta = 1.22 \frac{\lambda}{D} \tag{3.1}$$

式中,λ 为光的波长,D 为小孔或障碍物的直径。把公式(3.1)中的弧度换算成度,则

$$\Delta\theta = 1.22 \frac{\lambda}{D} \frac{180°}{\pi} = 70 \frac{\lambda}{D}(°) \tag{3.2}$$

绝大多数原子和离子的半径都为 0.1nm 数量级,晶体中原子之间的间距也为 0.1nm 数量级。辐射波长为 0.154nm 的 Cu K_α 射线晶格晶体衍射后,其发散角为 108°,可见这一波长的 X 射线在晶体中会发生非常强的衍射和干涉,因此非常适用于晶体结构分析。

晶体是由规则排列的原子组成的,即所谓的空间点阵。规则排列的点阵结构对于 X 射线来说相当于三维衍射光栅。因此,当波长与原子半径或晶面间距相当的一束单色 X 射线入射到晶体时,由不同晶面原子散射的 X 射线会发生衍射和干涉,在某些特殊方向上衍射的 X 射线会明显加强。衍射线强度极大值在空间分布的方位和强度,与晶体中原子晶体结构和原子种类密切相关,它们互为倒格子关系。这就是利用 X 射线衍射仪确定晶体结构和进行晶相分析的理论基础。

布拉格-布伦塔诺(Bragg-Brentano,B-B)模式衍射仪如图 3.4 所示。如图

3.4(a)所示,X 射线管发出的 X 射线经滤光片滤光后入射到样品表面,经样品散射后的 X 射线被 X 射线探测器收集。如果把晶体看成由一系列晶面组成的晶面族,则可以按照一维衍射公式简化处理 X 射线的衍射。

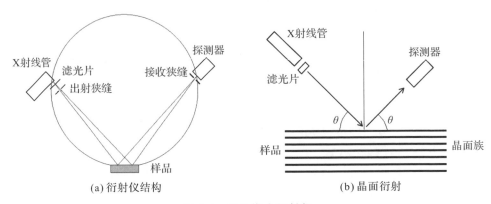

(a) 衍射仪结构　　　　　　　　(b) 晶面衍射

图 3.4　B-B 模式衍射仪

　　如图 3.4(b)所示,在 B-B 模式衍射仪中,X 射线的入射角等于出射角,则散射的 X 射线强度发生极大的角度可用布拉格衍射公式表示:

$$2d\sin\theta = n\lambda \tag{3.3}$$

式中,λ 为入射 X 射线的波长,θ 为衍射角,d 为晶面间距,n 为整数。由于波长 λ 已知,因此只要测定衍射角 θ,即可求得晶面间距 d,由此可以分析晶体内晶面的规则排列。因为不同晶面族对应的晶面间距不同,对应的衍射角也不同,所以通过扫描衍射角即可获得晶体主要晶面的间距,从而确定晶体结构。另外,可以进一步从衍射峰的强度得到晶体中基元原子的构成情况,由此确定晶体的组成(晶相分析),因此 XRD 还可用于间接获得晶体成分信息。

　　在没有计算机的年代,研究人员通过比对实验获得的粉末衍射卡片(powder diffraction file,PDF)确定晶相信息。PDF 由 1969 年成立的国际性组织——粉末衍射标准联合会(JCPDS)编辑出版。由于计算机技术的发展,PDF 已经存储在计算机中。可以通过计算机软件,自动找出实验衍射谱对应的晶相以及各种晶相的相对含量;也可以通过设定晶体结构,再利用计算机软件模拟衍射图,比对、确定材料的晶体结构。

3.2.2　粉末衍射(多晶衍射)

　　多晶材料由许多晶粒组成,在 B-B 模式下,X 射线的入射角等于出射角,因此只有那些晶面平行于样品台的小晶粒才有可能出现衍射加强。在粉末材料中,不同小颗粒的晶向各不相同,因此,对于特定的晶面,总有某些小晶粒符合某个晶面族平行于样品台的要求。图 3.5 呈现了三个小晶粒中晶面族 1、2、3 平行于样品台的情况。

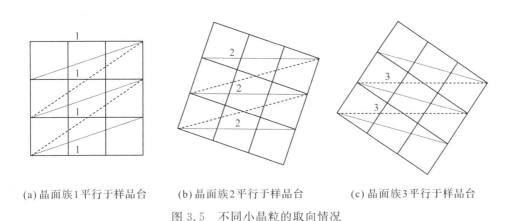

(a)晶面族1平行于样品台　　　(b)晶面族2平行于样品台　　　(c)晶面族3平行于样品台

图 3.5　不同小晶粒的取向情况

　　为了确保所有晶面族都有部分晶粒平行于样品台,须严格要求把多晶样品研磨成很细小的粉末,即所谓的粉末衍射。在粉末状的样品中,大量随机放置的粉末状晶粒可以保证所有晶面族与样品台表面平行的概率相同。这样就可以在 B-B 模式下观测到一系列不同晶面族对应的衍射峰。

　　粉末衍射的另一个优点是其测量到的衍射峰的强度与 PDF 上的一致,便于进一步定量分析。这是因为 PDF 上各衍射峰的强度是通过粉末衍射测量得到的。

　　KCl 和 KBr 晶体的 XRD 谱如图 3.6 所示,从中可以看到一系列主要晶面族对应的衍射峰。将求出的 X 射线衍射峰的角度(面间距)和强度跟已知的表(PDF)对照,即可确定试样的晶相。由于 KCl 和 KBr 晶型相同,因此两套谱图非常相似,但是 KCl 晶体各峰的衍射角相对 KBr 而言均有增大。这是因为 Br^- 的半径比 Cl^- 大,KBr 的晶格参数较大,从而相应的晶面间距也大。根据布拉格衍射公式,d 越大,对应的衍射角 θ 就小,因此 KBr 的衍射角较小。另外,KCl 谱图中几个峰的相对强度很小甚至几乎消失,这与晶体基元中的原子构成(结构因子)相关,详细内容可参考固体物理学知识[3]。可见,通过 XRD 不但可以确定晶体结构,还可以确定晶体材料的成分(物相分析)。从这个意义看,对于晶体材料,XRD 也是一种成分分析工具。

　　多晶材料的 X 射线衍射严格来说要求样品为很细小的粉末,这样才能保证各

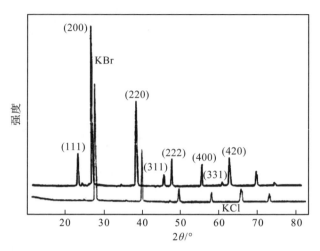

图 3.6　KCl 和 KBr 晶体的 XRD 谱

个晶面在 XRD 谱中显现概率相同。如果颗粒过大,则某些晶面的衍射强度容易偏离 PDF 的数值。

一个极端的例子就是取向生长薄膜的 XRD 谱。薄膜中所有晶粒都沿着一定的晶向取向生长,导致 XRD 谱只出现一个晶面族对应的衍射峰。取向生长的 ZnO 薄膜的 XRD 谱(图 3.7)中,只有 ZnO(002)晶面族对应的衍射峰[4]。

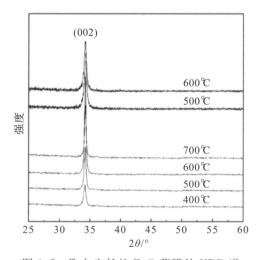

图 3.7　取向生长的 ZnO 薄膜的 XRD 谱

3.2.3　单晶衍射

单晶材料与取向生长类似,在 B-B 模式下的 XRD 谱中只会出现与样品表面平行的晶面族的衍射峰。图 3.8 和图 3.9 分别为 Si(111) 和 Si(001) 衬底上沉积 ZnO 薄膜后的 XRD 谱[5]。

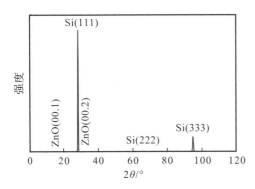

图 3.8　Si(111)衬底上沉积 ZnO 薄膜后的 XRD 谱

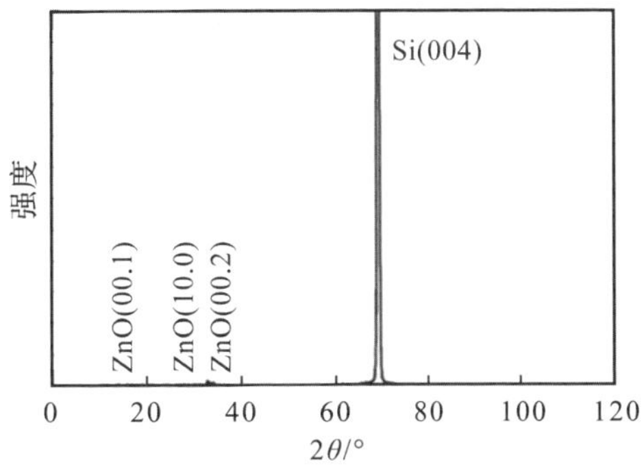

图 3.9　Si(001)衬底上沉积 ZnO 薄膜后的 XRD 谱

Si(111)衬底出现了三个同一晶面族的衍射峰,即 Si(111)、Si(222)和Si(333),而 Si(001)衬底则只出现了一个衍射峰,这可能是 Si 晶片的晶向存在偏差所致,也可能是仪器角度或样品位置调节不当所致。

由于单晶样品的衍射实际上是三维的衍射斑点,因此如果放置样品时方位角合适,出现的衍射峰就较多,反之,出现的衍射峰就较少。换言之,如果沿着准确的方向扫描,则衍射峰较多,否则衍射峰较少(图 3.10)。可见,以 XRD 分析单晶

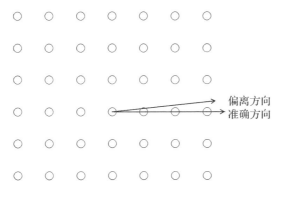

图 3.10　方位角偏差造成衍射峰数量减少示意

样品时,必须注意样品的放置位置和方位角,必要时可调整样品的方位角,使衍射峰强度极大化,并出现多个同一晶面族的衍射峰。

由于普通的 X 射线衍射仪实际上只适合晶向粉末衍射,无法调整样品的方位角,因此很难同时出现同一晶面族的很多个衍射峰。此时可以手动转动样品的方位角,看看衍射峰的强度是否增强,不过要注意自身的防护,避免 X 射线照射。高分辨 X 射线衍射仪(high resolution X-ray diffractometer,HRXRD)可以精确调整样品的方位角和倾角,使得同一晶面族的衍射峰都出现。但是在普通的 X 射线衍射仪上,由于样品不能转动,经常不能观测到同一晶面族的所有峰,而且峰的强度也因晶向的偏差而变弱。

在半导体材料工艺中,薄膜生长是普遍采用的技术。取向生长的多晶薄膜与单晶薄膜一样,在 XRD 谱中只出现晶面族对应的一个衍射峰。但是,单晶薄膜的强度一般远高于取向生长的多晶膜,而衍射峰的宽度远小于取向生长的多晶膜。这是因为单晶薄膜整个样品都是同一个晶粒,因此干涉范围为整个晶体,所以其强度极大,衍射峰的宽度极小,该情形类似于光栅衍射;而取向生长的多晶膜的衍射范围只局限于小晶粒,其衍射峰宽度与晶粒尺寸相关,强度为所有小晶粒衍射强度的代数和,该情形相当于单孔衍射。

3.2.4 纳米晶

由光学的小孔衍射实验可知,孔的直径越小,衍射斑点的直径越大,即

$$\Delta\theta = 1.22 \frac{\lambda}{D} \tag{3.4}$$

式中,$\Delta\theta$ 为衍射斑点对应的张角,λ 为光的波长,D 为小孔的直径。该式也适用于 X 射线衍射。若 λ 为 X 射线的波长,D 为晶粒的尺寸,则式(3.4)同样成立,即晶粒越小,X 射线衍射的斑点尺寸越大。

X 射线衍射斑点的尺寸还与晶粒内部的应力有关。有关 XRD 中更加精确的公式由柯西(Cauchy)给出:

$$\beta \frac{\cos\theta}{\lambda} = \frac{1}{D} + 4\varepsilon \frac{\sin\theta}{\lambda} \tag{3.5}$$

式中,β 为衍射峰宽度(相当于光学衍射公式中的 $\Delta\theta$),θ 为此峰对应的衍射角(注意是 XRD 谱中横坐标 2θ 的一半),D 为晶粒尺寸,ε 为晶粒内部的应力,λ 为 X 射线的波长。须注意,XRD 测量的是晶粒尺寸,晶粒尺寸不是颗粒尺寸,我们从光学显微镜或扫描电子显微镜上看到的往往是颗粒尺寸,这样的颗粒可能是由很多细小的晶粒团聚构成的。

　　从柯西公式不难看出,要同时确定 D 和 ε,至少需要两个衍射峰的衍射角和衍射峰宽度的数据,衍射峰宽度 β 的单位为弧度制的半高宽(FWHM)。

　　如果晶粒内部没有应力,则式(3.5)右边第二项为 0,晶粒大小与衍射峰的关系退化为施乐公式:

$$\beta \frac{\cos\theta}{\lambda} = \frac{1}{D} \tag{3.6}$$

式(3.6)与式(3.4)实际上是一致的,仅 θ 的定义不同,且相差了一个系数。

　　从式(3.6)可知,晶粒尺寸越小,X 射线的衍射峰越宽,所以可以通过测量衍射峰宽度来确定晶粒尺寸。一般情况下,纳米晶粒 X 射线衍射峰宽度较单晶和多晶更宽,且晶粒越小,衍射峰越宽。图 3.11 为一组纳米 ZnO 晶粒的 XRD 谱,可见随着热处理温度升高,衍射峰的宽度变小,从而晶粒尺寸变大[6]。

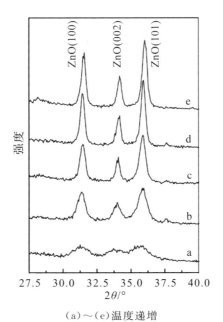

(a)~(e)温度递增

图 3.11　一组纳米 ZnO 晶粒的 XRD 谱

　　一般情况下,晶粒内部或多或少存在应力,如果样品的 XRD 谱中存在多个衍射峰,则可以以各峰的 $\beta\cos\theta/\lambda$ 为纵坐标、$\sin\theta/\lambda$ 为横坐标画直线,得到的直线斜率相当于晶粒内部的应力,纵坐标截距的倒数相当于晶粒尺寸。图 3.12 为分子束外延生长的 AlN 薄膜的 $\beta\cos\theta/\lambda$-$\sin\theta/\lambda$ 曲线[7]。S2-1550 和 S2-1650 两个样品在纵坐标上的截距几乎等于 0,样品中晶粒尺寸很大,即外延单晶薄膜。

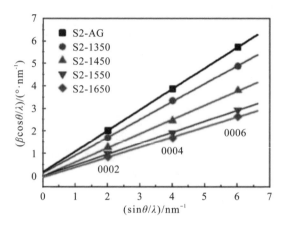

图 3.12　分子束外延生长的 AlN 薄膜的 $\beta\cos\theta/\lambda$-$\sin\theta/\lambda$ 曲线

3.2.5　非晶材料

非晶材料的 XRD 谱没有明显的衍射峰,往往会出现一个较宽的馒头峰,与纳米晶的衍射峰宽相比要宽得多,其 FWHM 一般为 10° 数量级,而纳米晶的 FWHM 一般为 0.1° 数量级至 1° 数量级。图 3.13 为普通载玻片的 XRD 谱,其 FWHM 约为 12°。

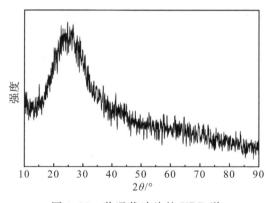

图 3.13　普通载玻片的 XRD 谱

3.2.6　定量分析

晶体中可能存在不同的晶相,特别是自然生长的矿石。通过 XRD 晶相分析可以获得材料中存在的不同的晶相,以及不同晶相的相对比例。例如,利用 XRD 可以确定样品是 KCl 晶体还是 KBr 晶体(图 3.6)。如果样品同时含有 KCl 和 KBr 两种晶相,则可以通过 XRD 谱拟合程序得到两者的相对含量。不过,一般情况下,光电材料样品的成分是已知的,我们主要利用 XRD 分析样品的晶体结构和结晶状态,有关成分分析的内容不在本书中讨论。

3.2.7　非对称模式 X 射线衍射

大多数 XRD 都在 B-B 模式下工作,入射角与出射角对称,且入射光采用平行光束。此时满足布拉格衍射公式的晶面族都会产生衍射极大值。对于单晶衬底上生长的 nm 级多晶超薄的膜,由于参与衍射的样品量很少,因此信号强度很弱,非常容易被强大的衬底信号掩盖,特别是当薄膜的衍射峰与衬底的衍射峰重叠时,薄膜信号很难从强大的衬底信号中分离出来。因此,采用非对称模式进行 XRD 扫描,可大大抑制来自单晶衬底的衍射信号,从而提升薄膜的检测能力。

非对称模式 XRD 如图 3.14 所示,一束平行的 X 射线以某一角度入射到样品表面,并在扫描探测器时保持入射光束的角度固定不变。在这种情况下,平行于衬底的晶面族因无法满足布拉格衍射公式而产生衍射极大。相反,对于衬底上的多晶薄膜,由于其中的小晶粒随机取向,因此总有部分小晶粒满足衍射极大的条件而产生衍射加强,如图 3.15 中的第二个晶粒。因此,非对称模式 XRD 可以抑制单晶衬底的信号,此时谱线的背景信号很小,即使很弱的薄膜信号也能被检测到。

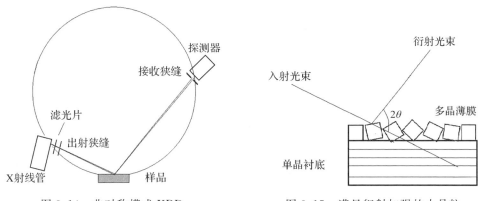

图 3.14　非对称模式 XRD　　　　图 3.15　满足衍射加强的小晶粒

为了最大限度地抑制衬底信号,出射狭缝和接收狭缝应尽可能小,使得平行于衬底表面的晶面完全无法满足布拉格衍射公式。在有条件的情况下,可利用

HRXRD 进行非对称模式 XRD 实验,目前很多 HRXRD 中已经采用了平行 X 射线技术。

由单晶 Si(100)衬底上沉积的多晶 Si 薄膜的非对称 XRD 谱(图 3.16)可见,单晶衬底尖锐且强度很高的衍射完全没有出现在谱线中[7-8]。

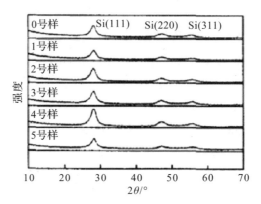

图 3.16　单晶 Si(100)衬底上沉积的多晶 Si 薄膜的非对称 XRD 谱

非对称模式 XRD 一般要求衬底为单晶,如果衬底是多晶,而且信号很强,非对称衍射并不能抑制衬底信号。由于 X 射线在薄膜中衰减,衬底衍射信号通过薄膜后的强度很低,此时可以采用极小的入射角(即掠入射,如 1°),从而达到抑制衬底信号的目的。在极端情况下,掠入射的 X 射线(入射角小于 0.5°)在薄膜表面发生全反射,入射 X 射线完全不能透过薄膜并进入衬底,因此可以完全抑制衬底信号。不过,要实现这种极端情况,需要精确控制样品的位置、方位角、倾角等,配备 HRXRD,并有极具经验的实验人员协助。

X 射线在 0.1°入射角下,透入样品的深度一般不到 10nm,非常适合测量厚度小于 10nm 的薄膜的晶体结构。Cu K$_\alpha$ X 射线在 SiC 晶体中的透入深度与入射角的关系如图 3.17 所示。

如果薄膜的衍射峰很强,且与衬底的衍射峰没有重合,则没有必要通过这种掠入射进行 XRD 实验。由于外延薄膜的晶面与衬底的晶面平行,在非对称衍射条件下,薄膜也没有衍射峰,因此无法通过非对称衍射消除衬底信号。

3.2.8　衍射角的精确测定

由于仪器存在系统偏差、样品不平整、样品存在晶相偏差(如半导体晶片的偏差)等因素,用 XRD 测得的衍射角可能存在偏差。为了尽可能得到准确的衍射角

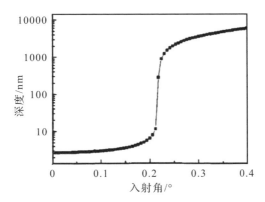

图 3.17　Cu K$_a$ X 射线在 SiC 晶体中的透入深度与入射角的关系

数据,我们可以通过两次测量来消除偏差。

　　首先,用常规扫描获得 θ-2θ 谱,记录衍射峰的峰值位置对应的 2θ 角为 $2\theta_0$。将样品绕样品法线旋转 $180°$,重新扫描获得第二个 θ-2θ 谱,记录衍射峰的峰值位置对应的 2θ 角为 $2\theta_{180}$。我们把这个方向定义为 X 方向,可得 X 方向的衍射角为

$$2\theta_A = \frac{2\theta_0 + 2\theta_{180}}{2} \tag{3.7}$$

而薄膜的晶向偏差角为

$$\Delta\alpha = \left| \frac{2\theta_{180} - 2\theta_0}{2} \right| \tag{3.8}$$

　　对于硅片而言,为了提高外延膜的生长速率,硅片的晶向与精确的晶向之间往往存在几度的偏差。通过两次测量,可以得出硅片的晶向偏离度(图 3.18)。

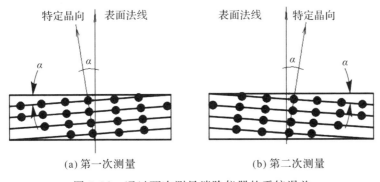

图 3.18　通过两次测量消除仪器的系统误差

以上得到的只是一个方向的晶向偏差角。为了得到晶向的总偏差角,还可以分别把样品转 90°和 270°,如此可以获得与原先方向垂直的另一个方向的晶向偏差角 $\Delta\beta$。可以证明,总偏差角 γ 与 α、β 的关系为

$$\cos\gamma = \cos\alpha \cdot \cos\beta \tag{3.9}$$

因此

$$\gamma = \arccos(\cos\alpha \cdot \cos\beta) \tag{3.10}$$

当 α 和 β 很小时,式(3.10)可以简化为 $\gamma^2 \approx \alpha^2 + \beta^2$,即

$$\gamma \approx \sqrt{\alpha^2 + \beta^2} \tag{3.11}$$

虽然小角度偏差并不影响晶相分析,但是在处理诸如薄膜内部应力等需要精确衍射角数值的问题时,必须十分小心,以免得到错误的结论。另外,建议在需要精确的衍射角数据时,利用标样(如硅粉)对仪器进行标定,以校正仪器的角度偏差。

3.2.9 高分辨 X 射线衍射

(1)基本原理

晶体的 XRD 谱线中其实还包含很多精细结构,相当于光学衍射中的衍射/干涉次极大。但是普通 XRD 光源的单色性不好、强度不高,且仪器的角分辨率不高(0.1°数量级),导致这些精细结构无法通过普通 XRD 被观察到。

HRXRD 的角分辨率可以达到毫秒数量级(0.0001°),用其可观察到 XRD 谱线的精细结构,从而获得有关晶体结构的细微变化。

早期的 HRXRD 比较简单:以一块高质量的晶体为单色器,将来自 X 射线管的射线单色化,结合较小的出射狭缝,实现 HRXRD 所需的单色 X 射线源。这种 XRD 也称为双晶衍射仪,即 XRD 中有两个晶体,其中第一晶体为单色器,第二晶体为待测样品。

双晶衍射如图 3.19 所示。X 射线管发出的 X 射线经狭缝 1 准直后入射到单色晶体上,单色晶体发出的衍射束作为待测晶体的光源,入射到待测晶体上。由

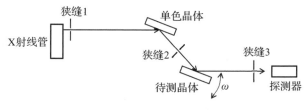

图 3.19　双晶衍射

于单色晶体一般为高质量的晶体,如高纯 Si 单晶,其衍射束斑很小,结合狭缝 2,可以滤掉 X 射线中的 K_β 甚至 $K_{\alpha2}$。因此光源的宽度明显减小。结合高分辨角度控制器,可以获得 XRD 谱中隐藏的精细结构。

进行双晶衍射实验时,先以 θ-2θ 扫描找到待测晶体的衍射极大值,再稍微调整待测晶体的摇摆角 ω,即可获得摇摆曲线,即 ω-2θ 曲线。

严格来说,双晶衍射一般要求两个晶体为平行放置的同种晶体,其中 A 为单色器,B 为待测样品,否则将存在色散效应,导致角分辨率下降。为了解决这个问题,后来发展出了角分辨率更高的三晶、五晶等多单色晶体的 HRXRD,其中前面两个或四个晶体组合成为单色器,最后面的一个为待测量样品。这样就破解了单色晶体必须与待测晶体为同种晶体的难题。三晶衍射和五晶衍射分别如图 3.20 和图 3.21 所示,经过单色器后光束的方向保持不变。

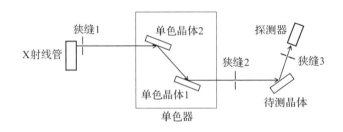

图 3.20　三晶衍射

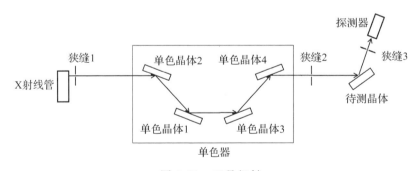

图 3.21　五晶衍射

从理论上说,单色器中的单色晶体越多,经单色器后出射的 X 射线的单色性越好,发散角也越小,但是相应的强度也大幅下降。因此,实际工作中要根据需要选择双晶或四晶单色器,原则上满足测试要求即可,而不是晶体越多越好。

HRXRD 的结构与普通的 XRD 基本相同,前者增加了 X 射线单色器(双晶或四晶)、索拉准直器、X 射线聚光镜等部件,使得最终出射的 X 射线的单色性和强度大幅提升。当然,如果利用同步辐射作为光源,则性能更好,不过同步辐射资源紧张,一般需要半年以上的预约时间。随着 X 射线光学系统的发展,目前商用 HRXRD 的性能已经很强,例如可以通过 X 射线增强镜把 X 射线管发出的 X 射线聚焦增强,将出射的 X 射线强度提升 5 倍甚至更高。

除了 X 射线光学系统,HRXRD 的另一优势是样品的角度控制系统。在 HRXRD 中,样品一般有 6 个自由度可以调节,可满足角度调节的需要,即 3 个方向平移和 3 个角度转动(1 个方位角、1 个倾角、1 个摇摆角)(图 3.22)。随着角度测量技术的提升,目前的角分辨率已经可以达到 0.0001°甚至更高精度。

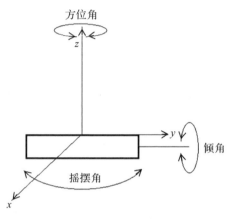

图 3.22　HRXRD 中样品的转动角度

(2)判断晶体质量

利用 HRXRD 可以判断薄膜的结晶情况。结晶好、缺陷密度低、片内均匀性好的薄膜,其衍射峰的 FWHM 较小,反之就较大。

图 3.23 为 Ge 衬底上生长的 GaAs(004)薄膜衍射峰的摇摆曲线,没有晶向偏差的 Ge 衬底上生长的 GaAs 的 FWHM 最大,4°偏差的次之,6°偏差的最小。由此

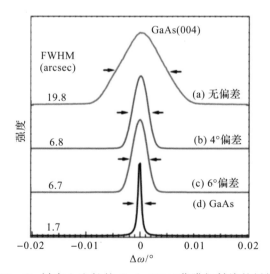

图 3.23　Ge 衬底上生长的 GaAs(004)薄膜衍射峰的摇摆曲线

可见,外延生长时,衬底适度偏离晶向生长有益于提升外延膜的质量。这就是用于外延衬底的半导体晶片的晶向一般都有一定偏差的原因。

图 3.24 为 GaN 上生长的 InGaN 薄膜的 HRXRD 谱。由于 In 离子半径比 Ga离子大,因此 In 含量越高,InGaN 的晶格常数就越大,晶面间距也相应增加。根据布拉格衍射公式,当晶面间距增加时,衍射角减小。因此,由 InGaN(0002)峰与GaN(0002)峰的距离可以得到 In 含量。同时,通过 InGaN(0002)峰的 FWHM 宽度可以发现,In 含量越高,FWHM 就越大,即晶体质量越差。生长温度对 InGaN外延膜质量和 In 含量的影响如表 3.1 所示。

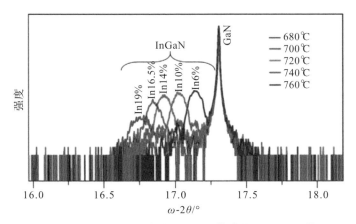

图 3.24　GaN 上生长的 InGaN 薄膜的 HRXRD 谱

表 3.1　生长温度对 InGaN 外延膜质量和 In 含量的影响

生长温度/℃	In 原子百分比/%	FWHM/arcsec
680	19	627
700	16.5	425
720	14	390
740	10	375
760	6	356

注:arcsec—弧秒(arc-second)。1arcsec=1°/3600。

再看另外一个例子。图 3.25 给出了 Si 衬底上生长的 Ge/Si 短周期超晶格的X 射线双晶衍射谱[9]。超晶格中 Ge 层越厚,超晶格对应衍射峰的衍射角就越小,这是因为 Ge 原子半径比 Si 大,导致晶格常数增大,因而衍射角减小。

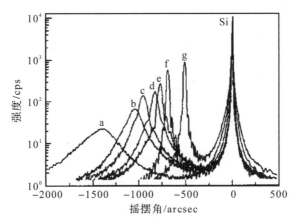

图 3.25　Si 衬底上生长的 Ge/Si 短周期超晶格的 X 射线双晶衍射谱

(3)分析多层膜和超晶格的结构

根据图 3.25，当 Ge 层较薄时，可观测到明显的振荡精细结构，这说明 Ge/Si 界面平整，如样品 e、f、g。随着 Ge 层厚度增加，振荡精细结构消失，界面变得粗糙。这是因为 Ge 在 Si 表面生长时经历了从二维到三维的转换，从而界面粗糙化。图 3.26 为样品 f 的放大图，可见振荡结构非常清晰，这说明样品 f 中 Ge 层和 Si 层的界面非常平整。

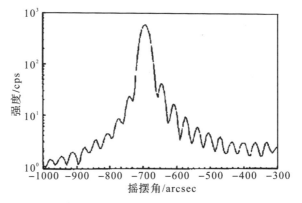

图 3.26　Ge/Si 短周期超晶格的 X 射线双晶衍射摇摆曲线

根据布拉格衍射公式，可以得到单层原子的厚度为

$$t = \frac{(n-m)\lambda}{2(\sin\omega_n - \sin\omega_m)} \tag{3.12}$$

式中，n 和 m 分别表示第 n 个和第 m 个衍射极大，ω_n 和 ω_m 分别为对应的衍射角（注意是摇摆角 2ω 的一半），λ 为 X 射线的波长，t 为薄层的厚度。

一般情况下，ω_n 和 ω_m 相差很小，因此式（3.12）可以简化为

$$t = \frac{(n-m)\lambda}{2\cos\omega_n \Delta\omega} \tag{3.13}$$

式中，$\Delta\omega$ 为第 n 个和第 m 个衍射极大之间的角度差（注意以弧度为单位）。

更加精确的计算结果可以通过 XRD 动力学模拟程序拟合得到。目前商用 HRXRD 一般配备完善的 XRD 动力学模拟程序，用于模拟单层膜、多层膜、超晶格等的高分辨 XRD 谱，通过迭代拟合得到各层的膜厚、成分、界面粗糙度、应力等信息。

Si 衬底上生长的 5 个周期的 $10.3\text{nm-Si}/12.1\text{nm-Si}_{0.92}\text{Ge}_{0.08}$ 超晶格结构的 HRXRD 谱及动力学模拟结果如图 3.27 所示，动力学模拟结构与实验结果符合得非常好[10]。

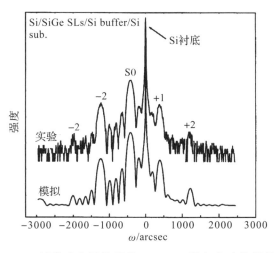

图 3.27　X 射线动力学模拟的 HRXRD 谱与实验数据的比较

(4)确定外延薄膜的对称性

HRXRD 可以确定薄膜是否为外延膜。首先通过转动样品的角度，找到一个与薄膜表面不平行的非对称衍射峰，仔细调节样品的位置和角度，使得此峰信号极大化；然后保持其他参数不变，让样品绕着它自身的法线转动 $360°$（方位角），同时收集衍射峰强度随方位角的变化，即可根据谱线的对称性获得生长薄膜的对称性。

由 Al_2O_3 上生长的 ZnO 薄膜的 HRXRD 的 $360°$ 方位角扫描谱（图 3.28），可以清楚地看出 ZnO 薄膜与衬底具有相同的对称性，即六方对称性[11]。

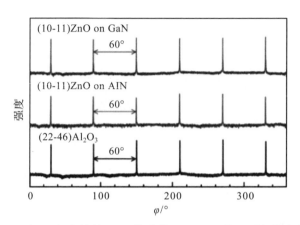

图 3.28 Al_2O_3 上生长的 ZnO 薄膜的 HRXRD 的 $360°$ 方位角扫描谱

3.2.10 拉曼光谱

拉曼光谱可以分析原子的结合状态，如可以区分石墨态 C、金刚石 C 及石墨烯 C 等，也可以区分晶态 Si 和非晶态 Si 等。这说明拉曼光谱在某些场合下是可以分析晶体结构的。下面补充一些拉曼光谱在结构分析中的其他应用及增强的拉曼光谱技术。

(1)从拉曼位移的偏移分析合金

Rouchon 等在研究 SiGe 薄膜时发现了 Si-Si 拉曼散射峰的位置随 Ge 含量变化而变化[12]。由图 3.29(a)可见，除 Si-Si 振动外，拉曼光谱中出现了 Si-Ge 和 Ge-Ge 振动对应的拉曼散射峰。由图 3.29(b)可见，Si-Si 振动对应的拉曼散射峰的波数随 Ge 含量的增加而减小，这说明 Ge 原子和 Si 原子是结合在一起的。Ge 原子的质量比 Si 原子大，因此 Ge 取代 Si 会导致振动频率减小。另外还发现拉曼位移与薄膜内部的应力有关，并发现 Si-Si、Si-Ge、Ge-Ge 的拉曼位移与 Ge 含量和薄膜内部应力具有相关性，从而得出拉曼光谱可用于薄膜成分和内部应力测量的结论[12]。

(2)共振拉曼光谱

虽然拉曼光谱的测量对激发光源无严格要求，但是实验发现激发光源的波长对拉曼散射峰的强度有明显影响，特别是当入射光源的能量正好等于样品中某个

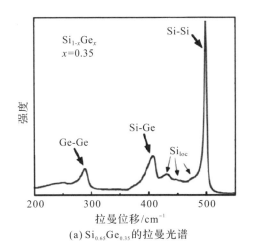

(a) Si$_{0.65}$Ge$_{0.35}$的拉曼光谱

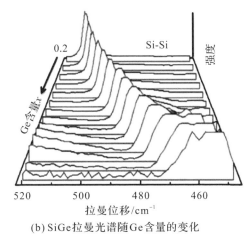

(b) SiGe拉曼光谱随Ge含量的变化

图 3.29　Si$_{1-x}$Ge$_x$ 薄膜的拉曼光谱

电子跃迁的能量时,拉曼散射峰的强度将得到极大提升(2～6 个数量级),得到所谓的共振拉曼光谱。因此,在可能的情况下,应适当选择与样品中某个电子跃迁的能量接近的能量作为激发光源,从而提升拉曼光谱的检测能力。图 3.30 为强度相同但波长不同的激发光照射下获得的 PATP 分子的拉曼光谱,可见激发波长对信号的强度有很大影响[13]。

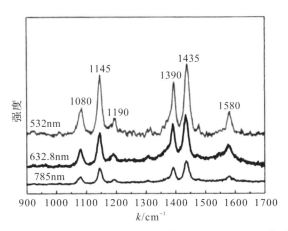

图 3.30　强度相同但波长不同的激发光照射下获得的 PATP 分子的拉曼光谱

(3)金属等离子表面增强拉曼光谱

实验发现,表面添加某些纳米金属颗粒也能大大增强拉曼散射的信号强度。

图 3.31 为添加纳米 Au 颗粒后检测到的雌二醇的增强拉曼光谱,可见当纳米 Au 的含量为 0.04μg/L 时,拉曼散射有极大值[14],与没有添加纳米 Au 时相比,信号增强了约 1 个数量级。

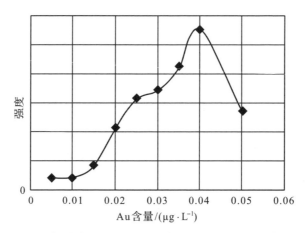

图 3.31　添加纳米 Au 颗粒后检测到的雌二醇的增强拉曼光谱

(4)拉曼光谱与红外吸收光谱的比较

红外吸收光谱本质上是通过红外透射光谱转换得到的,因此要求衬底是红外透明的,如 Si、Ge、C 等。拉曼散射测量的是散射光的强度,不要求衬底透明。

红外光谱仪与拉曼光谱仪的光源、光学系统和光探测器不同。拉曼光谱的入射光源可以是紫外光、可见光和近红外光,因此仪器的光源、光学系统和光探测器比红外光谱仪简单得多。

红外吸收光谱要求声子对应的振动具有红外活性,有跃迁禁戒,而拉曼光谱不要求振动具有红外活性。

红外吸收光谱和拉曼光谱都反映了分子的振动(晶体中的基元),而分子的振动与分子(基元)的结构和组成相关,因此两者均可以用于晶体结构分析和成分分析。

3.3　电子衍射法

3.3.1　电子衍射现象

我们知道,X 射线与晶格相互作用时会发生衍射和干涉,并可用于晶体结构分析。从量子力学角度看,电子除了粒子特性外,也具有波动特性。因此电子束与晶体中的原子相互作用后也会产生衍射和干涉图像。对于一个动能为 E_k 的电子,其德布罗意波长为

$$\lambda = \frac{12.226}{\sqrt{E_k}} \tag{3.14}$$

式中,波长 λ 的单位为 nm,动能 E_k 的单位为 eV。

X 射线的衍射发散角为 $\Delta\theta = 70\frac{\lambda}{D}(°)$,这个公式对电子衍射同样适用,代入电子的波长,可得电子束的发散角为

$$\Delta\theta = 70 \times \frac{1.226}{\sqrt{E_k}}\frac{1}{D} = \frac{85.8}{D\sqrt{E_k}}(°) \tag{3.15}$$

由于晶体中的原子尺寸和原子间距均为 0.1nm 左右,即 D 为 0.1nm 数量级,因此 100eV 电子束对应的衍射发散角为 85.8°,而 100keV 的电子束对应的衍射发散角为 2.7°,可见两者均能与晶格产生明显的衍射和干涉。用于固体表面结构分析的低能电子衍射(low energy electron diffraction,LEED)的电子束的能量一般为 10~300eV,而透射电子显微镜(transmission electron microscope,TEM)中的电子束的能量为 100keV 数量级。虽然电子束能量低一些可使衍射效果更强,但是对于 TEM 而言,为了让电子束透过薄样品,电子束的能量也不能太低。对于透射电子衍射,一般情况下电子束的能量应大于 300keV,以便让电子束穿透样品。对于反射低能电子衍射,电子束的能量可以低至 20eV。对于用于实时监控薄膜生长的反射高能电子衍射(reflection high energy electron diffraction,RHEED),为避免薄膜生长室中气氛对电子束的干扰,电子束的能量不能太低,一般为 10keV 数量级。

在 XRD 中,X 射线衍射成像技术尚不完善,一般不用衍射像分析晶体结构,而是用以衍射角为横坐标的衍射曲线,衍射极大以衍射峰的形式出现。这只反映了沿着衍射像某一个方向的强度变化。原则上,XRD 也完全可以进行二维成像,但是小束斑高亮度 X 射线源及 X 射线成像系统不如电子束及电子束成像系统成熟,因此目前绝大多数 XRD 仍采用衍射角扫描得到的衍射曲线。由于电子束成像技术十分成熟,因此电子衍射都是二维衍射图,衍射极大以斑点的形式出现。

一般来说,单晶体的电子衍射图呈规则分布的斑点,多晶体的电子衍射图呈一系列同心圆,非晶体的电子衍射图呈一系列弥散的同心圆(图 3.32)。假如 XRD 中的探测器也换成可以成像的二维探测器,则也应该能够观测到与电子衍射类似的衍射图像。

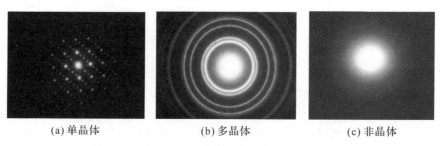

(a) 单晶体　　　　　　　(b) 多晶体　　　　　　　(c) 非晶体

图 3.32　单晶体、多晶体和非晶体的电子衍射图

3.3.2　透射电子显微镜

透射电子显微镜(TEM)是指用透射样品的电子束使其成像的电子显微镜。TEM 附带高能电子衍射(high energy electron diffraction,HEED),可用于得到材料的结构显微像(实空间)和电子的衍射像(波矢空间),同时获得样品的微结构信息和晶体结构的信息。

透射电子衍射如图 3.33 所示,从电子枪发出的单色电子束透过样品时被晶格散射,然后形成一系列的衍射束,这些衍射束相互干涉,最终在后面的荧光屏上形成衍射图像。

与 X 射线衍射一样,电子束衍射极大值(衍射斑点)应满足布拉格衍射公式 $2d\sin\theta=\lambda$,只不过这里的 λ 是电子束的德布罗意波长(图 3.34)。

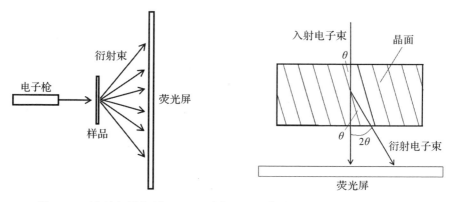

图 3.33　透射电子衍射　　　　图 3.34　某晶面对应的电子衍射极大值发生的角度

与 XRD 不同的是,在透射电子衍射中,电子束能量很高,电子的波长很短,所

以衍射斑点的发散角很小。例如 300keV 电子束对应的波长为 0.0223nm,近乎比 Cu K$_a$ 的 0.15406nm 小一个数量级,因此其对应的衍射角的发散范围也近乎小一个数量级。在 XRD 中,2θ 的扫描范围大多为 20°~80°,因此探测器要围绕样品扫描才能测量到多个衍射峰(即衍射斑点或衍射环)。而在透射电子衍射中,衍射角度范围一般只有几度,因此,透射电子衍射成像范围很小,完全可以用一个平面屏取代球面屏。

在实际的透射电子显微镜中,样品下方设有电子物镜,电子束透过样品后被物镜聚焦(图 3.35)。焦平面上的像为电子衍射像(倒空间像),反映样品的晶体结构,物镜上的像为实空间的显微像。

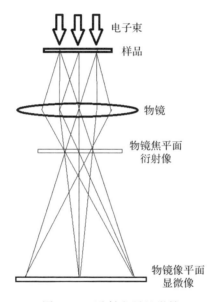

图 3.35　透射电子显微镜

电子衍射的原理像 XRD 一样看似简单,实际上有关高能电子衍射的理论知识非常复杂,这里只介绍高分辨透射电子衍射的大致的应用情况。

由固体物理学知识可知,衍射像与实空间像互为倒格子,因此可以通过傅里叶变换和傅里叶逆变换进行相互转换。我们也可以通过对电子光学系统的控制,由物镜的焦平面成像获得衍射像,或在物镜的像平面上获得样品的显微像。不过由于两者之间存在傅里叶变换关系,原则上我们只需获得一个像,就可以得到另一个像。图3.36(a)为电子衍射像,图 3.36(b)为相应的傅里叶变换后的实空间像。

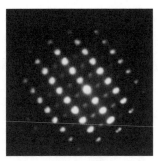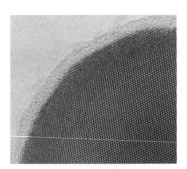

(a) 电子衍射像　　　　　　　　　(b) 实空间像

图 3.36　电子衍射像与实空间像

(1) 样品形貌和晶格研究

样品形貌和晶格研究是电子衍射在晶体结构分析中最基本的应用。通过电子衍射，我们可以确定所研究的物体是单晶体、多晶体还是非晶体。如果是晶体，则可通过衍射斑点的位置确定晶格的对称性与面间距。

透射电子衍射对研究微晶、纳米晶非常有用。现在通过先进的高分辨电子显微镜可以清楚地看到基体中的微晶、纳米晶，超高分辨 TEM 甚至可以观测到单个原子。如果测量得到的是衍射像，则可以通过傅里叶变换将其转换为实空间像，获得原子位置的信息。

在 Si 衬底上生长的 InGaSb 量子点的显微像(图 3.37)中可以清楚地看到 Si 衬底表面形成的突起的 InGaSb 量子点[15]。晶格像中呈现了 InGaSb 量子点和衬底 Si 晶格中的原子及排列情况。可见，TEM 可以同时分析显微结构的形貌及其晶体结构。

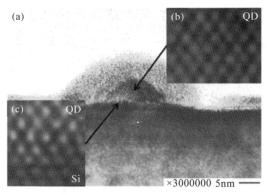

图 3.37　Si 衬底上生长的 InGaSb 量子点的显微像

电子束轰击下 CdTe 膜的晶化情况如图 3.38 所示[16]。左侧的显微图显示了 CdTe 纳米结构,右侧的衍射图显示了薄膜的多晶结构。

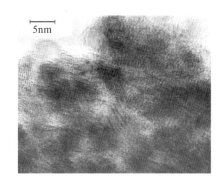

图 3.38　电子束轰击下 CdTe 膜的晶化情况

(2)超晶格像结构

如果电子束平行于某一晶面入射,那么电子衍射图呈现一维图像,经傅里叶变换后可得与电子束垂直的平面的实空间像,从中可以获得多层膜或超晶格的信息(如层厚、周期等),也可以直接分析超晶格样品的横截面以获得显微像。某量子级联激光器结构的显微像清楚地呈现了超晶格的周期及单一周期内的原子层数(图 3.39),放大后(右图)甚至可以直接看出各层原子的排列情况[16]。

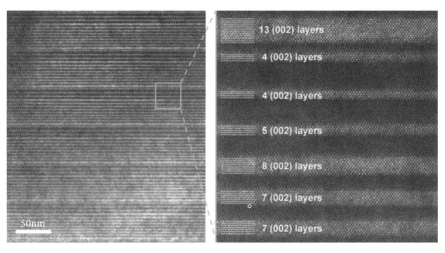

图 3.39　某量子级联激光器结构的超晶格显微像

(3)选区显微像及电子衍射

扫描透射电子显微镜(scanning transmission electron microscope,STEM)可以针对某一个纳米点、纳米线等纳米结构进行测量,直接收集实空间像和电子衍射像。结合电子显微镜附带的能量色散 X 射线分析(energy-dispersion X-ray analysis,EDX),还可以确定晶粒的成分。金属有机化合物化学气相沉积(metal organic chemical vapor deposition,MOCVD)生长的 GaN 纳米线的 TEM 分析结果如图 3.40 所示,其中图 3.40(c)为衍射像经傅里叶变换得到的原子晶格像,清楚地呈现了原子的排列情况。

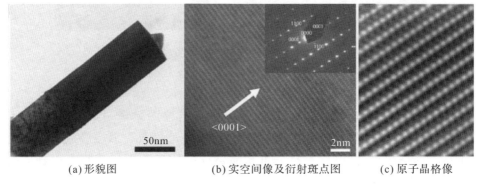

(a)形貌图 (b)实空间像及衍射斑点图 (c)原子晶格像

图 3.40　MOCVD 生长的 GaN 纳米线的 TEM 分析结果

(4)观测晶格缺陷

高分辨电子显微镜可以直接观测到原子的排列情况。图 3.41 为 GaAs(100)衬底上生长了 PbSe 外延膜的高分辨透射电子像[17],从中可以得到界面的不少信息,如外延层的晶体对称性、外延层的晶面间距、外延层中的位错等。特别地,可以清晰地观测到衬底和外延层界面处的原子排列错误,即图 3.41(c)中的圈。

Yamamoto 等在 Si 衬底上生长 InGaSb 量子点时,通过透射电子衍射直接在 InGaSb/Si 界面处观测到晶格失配(图 3.42)[18]。可见,高分辨电子显微像和透射电子衍射在异质结构外延分析中是非常有用的工具。

(5)STEM 与 XRD 的比较

TEM 测量块体材料的主要困难在于制样。制备 TEM 的样品是技术含量较高又非常费时的一项工作,且制样过程中可能发生样品损伤。因此,实际工作中应根据自身情况选择合适的表征工具。与 XRD 相比,STEM 可以同时获得二维衍射像和二维结构显微像,而 XRD 仅可获得一条衍射曲线,因此电子衍射给出的

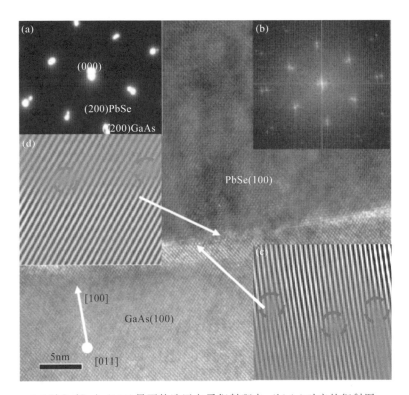

(a)PbSe/GaAs(100)界面的选区电子衍射斑点;(b)(a)对应的衍射图;
(c)只用(b)中的(110)斑点得到的傅里叶变换结果;
(d)只用(b)中的(111)斑点得到的傅里叶变换结果

图 3.41 PbSe/GaAs(100)外延层的高分辨透射电子像

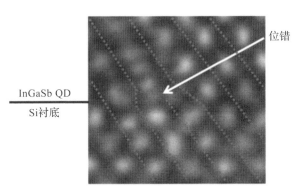

图 3.42 InGaSb/Si 界面处的晶格失配

细节更多。例如,晶体内部的原子堆垛错误在 XRD 中无法直接观测到,只能通过 HRXRD 中的 FWHM 间接推算,而通过 STEM 可直接看到堆垛错误等晶格缺陷。如果在 STEM 中再配备 EDX,则还可以进行选取成分分析。

TEM 对分析低维纳米结构特别适用。一方面,这类样品的数量一般很少,特别是一些新发现的低维纳米材料,其合成量在研究的初始阶段一般极少,很难利用 XRD 这样需要大量样品的表征手段进行分析,而 TEM 仅仅需要很少的量(如几根纳米线)就可以进行测量。另一方面,低维纳米结构的尺度很小,TEM 的高能电子束可以直接穿透样品,从而免去繁琐的超薄样品制备过程。

3.4 低能电子衍射

我们利用高能电子束(如 300keV)透过薄样品,可以获得高分辨透射电子衍射像及显微像,但是常常遇到制样困难、样品易被高能电子束破坏、仪器设备价格高、测试昂贵等问题。更重要的是,很难观测晶体表面及超薄膜的晶体结构,例如:半导体单晶片上沉积的原子层级厚度的外延膜的晶体结构,特别是沉积的初始阶段;半导体表面受杂质影响后表面结构的改变;半导体表面的晶体结构重构及弛豫等——这些现象发生在样品的极表面区域,深度从 0.01nm 至 10nm 不等。

在光电子能谱和俄歇电子能谱中,我们发现,能量为 $20\sim300eV$ 的电子在晶体中平均自由程很小,一般只有 1nm 数量级。如果以这样的电子入射到固体表面进行电子衍射,那么电子的透入深度就很小,因此可以被用来确定极表面的晶体结构。这个能量范围内的电子衍射称为低能电子衍射(LEED)。LEED 也是一种表面灵敏分析方法,特别适合单晶表面 nm 级厚度单晶薄膜的结构测定。

3.4.1 基本原理

由于 LEED 中的电子能量较低,因此衍射角较大。以电子束最低能量 20eV 为例,假定原子(离子)的尺寸为 0.1nm,则由电子衍射发散角公式(3.15)$\Delta\theta=\dfrac{85.8}{D\sqrt{E_k}}$(°)可得,对应的衍射发散角大于 90°。以电子束最高能量 300eV 为例,对应的衍射发散角大于 49.5°。因此,LEED 显示屏不能像 TEM 一样采用较小的平面屏,而必须采用球形屏,以收集各种角度的衍射束。一般在实际中,LEED 显示屏为半球形结构(图 3.43)。

LEED 系统由一个屏蔽栅、一个加速栅、一个荧光屏(三者均为半球形)以及一

把与球形栅同轴的电子枪组成。电子枪位于球形
栅的中心,其发出的电子束入射到样品表面,经样
品内原子的大角度散射后发生衍射。从样品散射
(衍射)出来的电子逸出表面后,向球形栅运动。
为了避免电子在向荧光屏运动过程中受到杂散电
场的影响而改变方向,面向样品的屏蔽栅接地。
加速栅一般用于加速通过屏蔽栅后的电子,使其
具有足够的能量并在撞击荧光屏后发出肉眼可见
的荧光。研究人员可以通过观察窗观测衍射斑
点,也可以通过观察窗由相机或电荷耦合器件

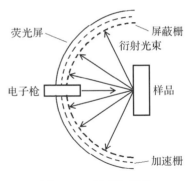

图 3.43　LEED 系统

(charge-coupled device,CCD)记录荧光屏上的衍射像。有的 LEED 采用与电子倍
增器原理相同的二维电子通道板取代荧光屏,从而大大增强对微弱电子束的检测
能力。

3.4.2　表面重构

晶体表面最外面的原子由于没有配对,因此存在悬挂键。悬挂键就是一个没
有配对的电子,具有很高的活性,可以两两组合或者吸附杂质原子以降低表面能
量,最终导致表面结构的改变。若相邻两个未配对的电子通过两两组合而实现表
面重构(图 3.44),表面晶格参数 a 增大了一倍,变为 $2a$。若晶体表面吸附 O 原
子,O 原子从相邻的两个原子各取一个电子,使得悬挂键消失,从而实现表面重构
(图 3.45),此时相应的表面晶格常数 a 增大至 $2a$。

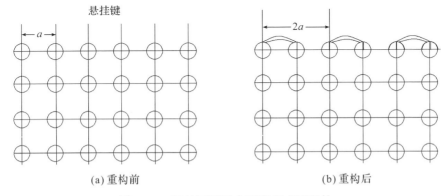

(a)重构前　　　　　　　　　　(b)重构后

图 3.44　通过两两组合而实现表面重构

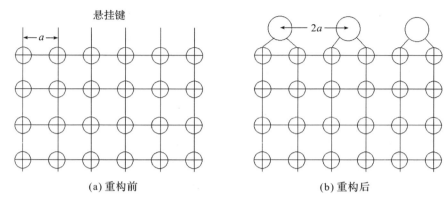

(a) 重构前   (b) 重构后

图 3.45 通过吸附杂质原子而实现表面重构

但是吸附 1 价杂质原子也可能导致重构消失,使样品表面重新回到(1×1)结构,即未重构的结构(图 3.46)。这种技术在半导体工艺中称为表面钝化,可用于消除表面悬挂键的影响。

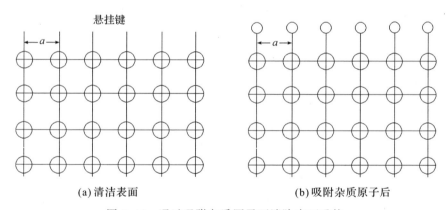

(a) 清洁表面   (b) 吸附杂质原子后

图 3.46 通过吸附杂质原子而消除表面重构

晶格参数增大,使得对应的 k 空间距离减小,衍射斑点之间的角度也因此减小。图 3.47 为清洁的 Si(111)-(7×7)重构表面以及吸附 Ga 原子后未重构的 Si(111)-(1×1)面的 LEED 像[19]。可见,与吸附 Ga 原子后未重构的 Si(111)-(1×1)面相比,清洁的 Si(111)-(7×7)重构表面的 LEED 像中,斑点间距缩小到原来的 1/7。

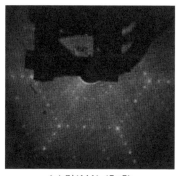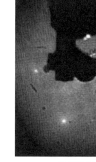

(a) Si(111)-(7×7)　　　　　　　(b) Si(111)-(1×1)

图 3.47　Si(111)表面的 LEED 像

3.4.3　表面弛豫

除了与表面平行的晶格参数应重构外,最外层原子由于失去了上面的原子,所以在垂直于表面的方向上、下受力不同,因此垂直表面方向的晶格参数也可能发生变化。垂直表面方向的晶格参数的变化称为晶格弛豫。晶格弛豫一般仅发生在最外层和次外层的原子,对更深层的原子影响不大。

晶格弛豫并不能直接在 LEED 像的斑点中观测到,但是我们可以通过分析衍射斑点强度随电子束能量的变化曲线,获得表面弛豫的信息。将上述曲线与理论模拟的电子衍射强度随电子束能量的变化曲线相比,可以精确得到表面吸附原子的位置(图 3.48)、离开表面的距离以及垂直表面方向的晶格常数的变化情况。

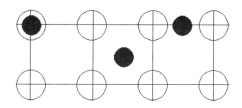

图 3.48　常见的三种吸附位(从左到右依次为顶位、桥位、空位)

LEED 强度-能量曲线即所谓的 *I-E* 曲线,其对表面重构、表面弛豫、表面吸附原子取位、杂质原子类型、吸附原子高度等参数非常敏感。图 3.49 为 Br 原子吸附到 Pd 晶体表面后 LEED 斑点强度的 *I-E* 曲线。

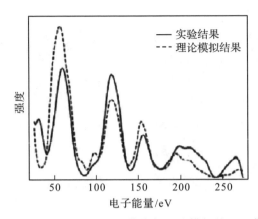

图 3.49　实验得到的 *I-E* 曲线与理论模拟的 *I-E* 曲线

3.5　反射高能电子衍射

前面提到的晶体结构表征方法大多是在制备晶体材料后再以测试手段进行表征。但是,在半导体外延领域,经常需要实时监控晶体表面的生长情况。石英晶体微天平(quartz crystal microbalance,QCM)经常用于原位测量生长薄膜的厚度,但是不能用于测量薄膜的晶体结构。LEED 虽然可以测量外延层薄膜的晶体结构,但是由于 LEED 所用电子束能量较低,LEED 很难在较高工作压强或存在大量蒸发气体的外延室内工作。反射高能电子衍射(RHEED)可以弥补 LEED 的不足,在半导体外延生长中实时监控表面生长情况。

3.5.1　基本原理

在 RHEED 中,入射电子束的能量为 $10\sim100\mathrm{keV}$,实际中较常用的为 $10\sim50\mathrm{keV}$。RHEED 可以直接激发荧光屏发射出可见光而不需要预加速,因此装置十分简单,仅由一把电子枪和一个荧光屏构成(图 3.50)。RHEED 中的电子束以很小的角度入射到样品表面,经样品表面衍射后照射到荧光屏上。

一般情况下,入射角小于 $3°$,透射样品的深度很小,仅仅最表面几层原子的晶格发生衍射作用,所以通过衍射像可以判断最表面原子的排列情况。

由于入射角度和衍射角度都很小,因此观测到的衍射斑点在入射方向呈条状,而不是 LEED 中的斑点状。典型的 RHEED 像如图 3.51 所示[20]。

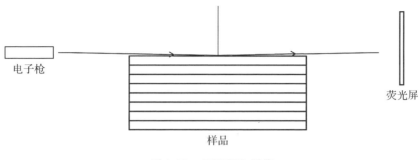

图 3.50　RHEED 系统

图 3.51　Si(111)表面沿〈1$\bar{1}$1〉方向的 RHEED 像

3.5.2　监控生长表面的结晶情况

利用 RHEED 可以对外延生长的样品表面进行实时原位观测。Si(111)表面生长 $Si_{0.16}Ge_{0.84}$ 外延层时的 RHEED 像如图 3.52 所示,可见不同生长阶段的 RHEED 像是不同的[21]。

通过上述 RHEED 像,我们可做下述判断:①表面是否是晶体,如果是非晶体,则观察不到衍射条纹或者条纹非常模糊;②表面是否有重构,如果有重构,则条纹之间会出现次极大条纹;③生长表面是否平整,如果 RHEED 像是点状的,则样品表面不平整;④是否为多晶,如果衍射斑点呈环状,则生长的是多晶层而不是外延结构。

3.5.3　精确测量外延层厚度

RHEED 非常重要的一个特点是能够判断外延生长是否已经沉积一个完整的层。在实际外延工艺中,经常需要获得以某一特定原子终结的晶面,而 RHEED

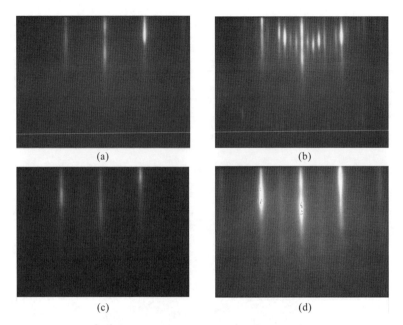

图 3.52　Si(111)表面生长 $Si_{0.16}Ge_{0.84}$ 外延层时的 RHEED 像

可以实时监控这一过程。

　　RHEED 可通过强度随沉积时间的变化,判断外延生长情况(图 3.53)。在未沉积前(a),假定某个衍射斑点的强度为 I_0;沉积开始后,强度逐渐下降(b,c);在外延层的覆盖度达到一半时,衍射斑点的强度达到最小值(d);当覆盖度继续增加

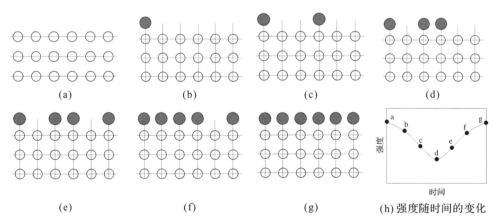

图 3.53　RHEED 判断外延生长情况

时,衍射斑点的强度又开始回升(e,f);当覆盖度达到 1 时,衍射斑点的强度回到最大值(g)。如果是同质外延,原则上强度可以回到最初的 I_0;如果是异质外延,则强度与 I_0 可能有所差别,但是肯定达到最大值。

在不同沉积温度下,Si(111)衬底上沉积 AlN 时 RHEED 强度随时间的变化曲线如图 3.54 所示。当沉积温度高于 1050℃ 时,强度-时间曲线只在开始沉积时有明显提升,但是观测不到振荡现象,此时 AlN 不能在 Si(111)衬底上外延生长。当沉积温度低于 1100℃ 时,随着沉积温度降低,强度振荡逐渐明显,此时 AlN 可以在 Si(111)衬底上外延生长。强度振荡的周期数代表了薄膜沉积的层数,由此可以精确测量外延层的厚度。

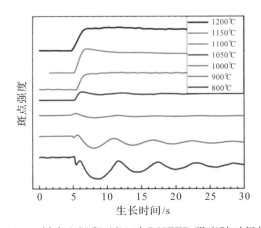

图 3.54　Si(111)衬底上沉积 AlN 时 RHEED 强度随时间的变化曲线

每一个完整的衍射强度振荡周期相当于沉积一个原子层,因此,从 RHEED 斑点强度随时间的变化,我们还可以精确得出薄膜的沉积速率。这种测量结果是实时的,比事后通过测量薄膜厚度再去推算要精确、及时,因此 RHEED 在量子阱、超晶格等结构制作中非常有用。

3.6　X 射线吸收精细结构

第 2 章已介绍了 X 射线吸收精细结构在原子结合状态分析中的应用。研究发现,扩展 X 射线吸收精细结构(EXAFS)可以用于确定原子的结合状态,如果样品为晶体材料,则 EXAFS 可以间接确定材料的晶体结构。

　　图 3.55 为晶态 Ge 和非晶态 Ge 的 X 射线吸收近边结构（XANES）谱及经傅里叶逆变换后得到的 R 空间数据。晶态 Ge 经傅里叶逆变换后的 R 空间中出现了三个峰，分别表示最近邻、次近邻和更次近邻的距离，由这三个峰的强度可以计算出它们的配位数。而非晶态 Ge 相应的 R 空间中只有一个峰，即最近邻原子的距离。

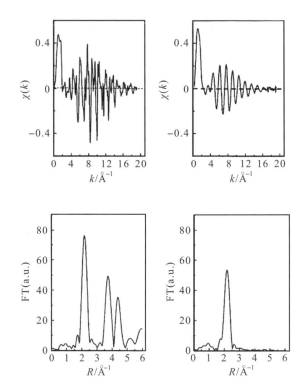

图 3.55　晶态 Ge 和非晶态 Ge 的 XANES 谱及经傅里叶逆变换后得到的 R 空间数据

3.7　扫描隧道显微镜

　　扫描隧道显微镜（scanning tunneling microscope，STM）是一种利用隧道效应探测物质表面结构的高分辨率非光学显微镜。

3.7.1　隧道效应

扫描隧道显微镜的基本原理是量子力学中的隧道效应,即电子有一定的概率穿过能量比其动能高的势垒。对一束平面电子波而言,如入射能量比较大但小于势垒高度,则透过图 3.56 所示一维方势垒的透射系数 T 为

$$T \approx \frac{16E(V_0 - E)}{V_0^2} e^{-\frac{2a}{\hbar}\sqrt{2m(V_0-E)}} \tag{3.16}$$

式中,E 为电子动能,V_0 为势垒高度,a 为势垒宽度,m 为电子质量,$\hbar$ 为约化普朗克常数。

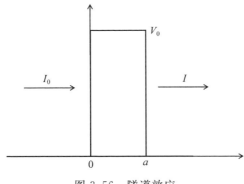

图 3.56　隧道效应

3.7.2　扫描隧道显微镜的构成

扫描隧道显微镜的结构非常简单,由金属探针、电流检测装置和偏压装置构成(图 3.57)。金属探针由压电陶瓷控制,可在 X、Y、Z 三个方向进行移动,最小步

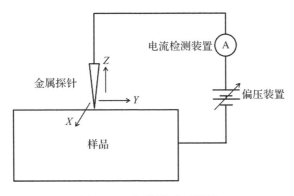

图 3.57　扫描隧道显微镜

长可达 0.01nm 数量级。由于隧道电流很小,因此要求电流检测装置能够测量 nA 甚至更小的电流。偏压装置在针尖与样品之间施加一个适当的偏压,偏压可正可负,目的是使得流过针尖的隧道电流足够大。

第一台扫描隧道显微镜由 B. Binning 和 H. Rohrer 于 1982 年研制成功。它可以直接观测到样品表面的原子排列情况,甚至可以观测到单个原子。扫描隧道显微镜的结构虽然非常简单,但要观测到原子级的相貌图仍非常困难。由于探针的位移精度要求极高,探针针尖极细、很难加工,隧道电流极小、难以检测,外部电磁、振动、噪音干扰难以隔绝等因素,要获得清晰的表面原子像非常困难,直至 20 世纪 80 年代才获得成功。

图 3.58 为 Si(111) 表面的 STM 像,从中可以清楚地看到 Si 原子的排列情况[22]。其中,图(a)为 Si(111)清洁表面的(7×7)重构像,图(b)为吸附了 Ga 原子后 Si(111)表面的 Si($\sqrt{3} \times \sqrt{3}$)重构像。在图(b)中甚至可以观测到一个原子的空位(白色虚线圈所示)。

(a) Si(111)清洁表面　　　　　(b) Si(111)-Ga

图 3.58　Si(111)表面的 STM 像

扫描隧道显微镜可以在实空间直接观测到原子的排列情况,但是要求样品导电,否则没有隧道电流流过针尖。另外,扫描隧道显微镜的观测区域面积很小,只能观测局部的表面原子排列情况。

3.8　原子力显微镜

扫描隧道显微镜衍生出很多分支,如原子力显微镜(atomic force microscope, AFM)、摩擦力显微镜、磁力显微镜等。它们的基本结构与扫描隧道显微镜十分相似,只是测量的物理量不同。

3.8.1　基本原理

原子力显微镜(图 3.59)的探针实际上是一个不导电石英针尖,针尖安装在一个悬臂上,悬臂上装有反光镜,激光器发出的光束照射到反光镜上,反射后的光束投射到位置敏感传感器(position-sensitive detector,PSD)。当针尖与样品表面距离很近时,针尖原子与样品表面原子之间的相互作用力导致针尖上下起伏,引起杠杆倾斜角度变化,相应地,导致激光反射束的角度变化。PSD 根据激光光斑的位置计算出角度的变化,间接获得表面形貌的变化情况。

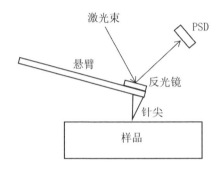

图 3.59　原子力显微镜

作用力导致悬臂变形,使得反光镜反射的光束角度发生偏移,PSD 检测到偏移后即可控制驱动悬臂高度的压电陶瓷,调整针尖的高度,使得激光反射束回到原来的位置,这样便可获得样品表面原子离开针尖的距离信息。通过另外两个压电陶瓷马达,可以在 X-Y 平面扫描针尖,最终获得三维的表面形貌。

由范德瓦耳斯–伦敦(van der Waals-London)公式,可知原子间作用力与原子间距离的关系为

$$F = \frac{A}{r^{12}} - \frac{B}{r^6} \tag{3.17}$$

原子间作用力与原子间距离的关系如图 3.60 所示。

3.8.2　三种工作模式

根据针尖与表面之间的作用力,原子力显微镜可以工作在三种模式下,即接触(contacting)、非接触(non-contacting)和轻敲(tapping)(图 3.61)。

在接触模式下,针尖与表面的距离很近,两者之间存在强作用力,因此有可能破坏样品表面。由于距离较近,针尖原子和表面原子之间的作用力随原子间距离变化很大,因此对表面的起伏非常敏感。所以,接触模式下的空间分辨率很高,可达原子级。

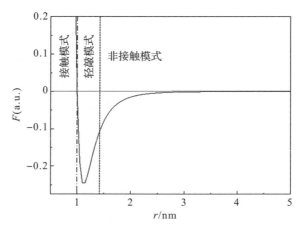

图 3.60　原子间作用力与原子间距离的关系

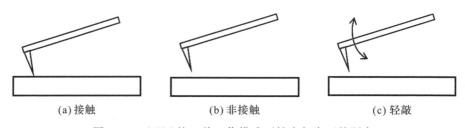

(a) 接触　　　　　　　　(b) 非接触　　　　　　　　(c) 轻敲

图 3.61　AFM 的三种工作模式下针尖与表面的距离

　　在非接触模式下,针尖与表面的距离较远,两者之间的作用力较小,因此不会破坏样品表面。由于距离较远,针尖原子和表面原子之间的作用力与原子间距离的关系不如接触模式下的强,因此对表面的起伏较不敏感。所以,非接触模式下的空间分辨率不高,考虑到空气及水汽等影响,分辨率一般为 10nm 数量级。

　　在轻敲模式下,针尖与表面的距离介于上述两者之间,而且针尖做周期性上下摆动,针尖离开表面的最近距离接近接触模式,因此一不小心就会破坏样品表面。样品表面的高低起伏导致针尖受到的原子力大小发生变化,这使得针尖的振幅大小也发生变化。通过针尖驱动系统驱动针尖上下移动以保持针尖振幅恒定,即可得到样品表面的形貌。轻敲模式下的空间分辨率介于接触模式和非接触模式之间。

　　图 3.62 为原子力显微镜观测到的 Si(7×7) 表面沉积 Ge 后的表面形貌,从中可以看出 Ge 的生长具有 3 度对称性。

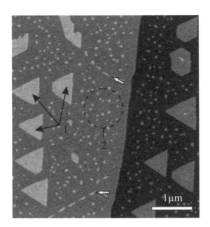

图 3.62　Si(7×7)表面沉积 Ge 后的表面形貌

STM 和 AFM 除了可以分析表面形貌外,还可用于测量台阶高度或薄膜厚度,相关内容将在后续章节阐述。

参考文献

[1] 陈长科,徐亚军,马小红.金相坑蚀法铝单晶定向研究[J].世界有色金属,2018(4):208-210.

[2] SEMI MF 06 0305[S]. Semiconductor Equipment and Materials International.

[3] Kittel C. Introduction to Solid State Physics[M]. 8th ed. New Jersey:Wiley,2005.

[4] Lee J H, Ko K H, Park B O, et al. Electrical and optical properties of ZnO transparent conducting films by the sol-gel method[J]. Journal of Crystal Growth,2003,247(1-2):119-125.

[5] Paszkiewicz R, Paszkiewicz B, Wosko M, et al. Properties of MOVPE GaN grown on ZnO deposited on Si(001) and Si(111) substrates[J]. Journal of Crystal Growth, 2008, 310(23):4891-4895.

[6] Ji Z G, Zhao S C, Wang C, et al. ZnO nanoparticle films prepared by oxidation of metallic zinc in H_2O_2 solution and subsequent process[J]. Materials Science and Engineering B-Solid State Materials for Advanced Technology,2005,117(1):63-66.

[7] Nemoz M, Dagher R, Matta S, et al. Dislocation densities reduction in MBE-grown AlN thin films by high-temperature annealing[J]. Journal of Crystal Growth,2017,461:10-15.

[8] 宓小川,陈英颖,吴则嘉,等.PECVD 生长纳米硅薄膜的 X 射线衍射分析[J].理化检验-物理分册,2004,40(4):179-182.

[9] 季振国,袁骏,卢焕明,等.锗/硅短周期超晶格的 X 射线双晶衍射研究[J].浙江大学学报(工学版),2001,35(1):1-4.

[10] Sheng S R, Dion M, McAlister S P, et al. Experimental and simulated double-axis X-ray rock-

ing curves of the symmetric (004) reflection for the 5 period Si/Si$_{1-x}$Ge$_x$ strained-layer super-lattices grown on (a) Si[J]. Journal of Crystal Growth,2003,253(1-4):77-84.

[11] Huber F, Madel M, Reiser A, et al. New CVD-based method for the growth of high-quality crystalline zinc oxide layers[J]. Journal of Crystal Growth,2016,445:58-62.

[12] Rouchon D, Mermoux M, Bertin F. Germanium content and strain in Si$_{1-x}$Ge$_x$ alloys characterized by Raman spectroscopy[J]. Journal of Crystal Growth,2014,392:66-73.

[13] 张书山,周剑章,吴德印,等. Ag 纳米粒子修饰光纤探针在等离激元催化反应中的应用[J]. 物理化学学报,2019,35(3):307-316.

[14] 康崇伟,宋奇凡,左成明,等.纳米金表面增强拉曼光谱法快速检测雌二醇[J].分析化学进展,2019,9(2):10.

[15] Yamamoto N, Akahane K, Kawanishi T, et al. Nano-crystalline Sb-based compound semiconductor formed on silicon[J]. Journal of Crystal Growth,2011,323(1):431-433.

[16] Becerril M, Zelaya-Angel O, Medina-Torres A C, et al. Crystallization from amorphous structure to hexagonal quantum dots induced by an electron beam on CdTe thin films[J]. Journal of Crystal Growth,2009,311(5):1245-1249.

[17] Wang X J, Hou Y B, Chang Y, et al. Heteroepitaxy of PbSe on GaAs(100) and GaAs(211)B by molecular beam epitaxy[J]. Journal of Crystal Growth,2009,311(8):2359-2362.

[18] Yamamoto N, Akahane K, Kawanishi T, et al. Nano-crystalline Sb-based compound semiconductor formed on silicon[J]. Journal of Crystal Growth,2011,323(1):431-433.

[19] Kumar P, Kuyyalil J, Kumar M, et al. A superstructural 2D-phase diagram for Ga on the Si(111)-7x7 system[J]. Solid State Communications,2011,151(23):1758-1762.

[20] Huber V, Bikaljevic D, Redinger J, et al. Structure of low and high coverage phases of bromine on Pd(110)[J]. Journal of Physical Chemistry C,2016,120(25):13523-13530.

[21] Genath H, Schmidt J, Osten H J, Analysis of thin germanium-rich SiGe layers on Si(111) substrates grown by carbon-mediated epitaxy[J]. Journal of Crystal Growth,2020,535:125569.

[22] Tao M L, Tu Y B, Sun K, et al. STM study of the Ga thin films grown on Si(111) surface [J]. Surface Science,2017,663:31-34.

第 4 章　表面形貌分析

4.1　光学显微镜

光学显微镜(optical microscope)利用光学透镜原理,把人眼所不能分辨的微小物体放大成像,以获得物体微细结构信息。光学显微镜一般简称显微镜。

4.1.1　基本原理

光学显微镜的基本原理是凸透镜的放大成像原理,通过增大近处微小物体对眼睛的张角(视角大的物体在视网膜上成像大),使得原本无法被人眼识别的物体可以清楚地呈现出来。

显微镜通常采用两级放大,分别由物镜和目镜完成(图 4.1)。被观察物体位

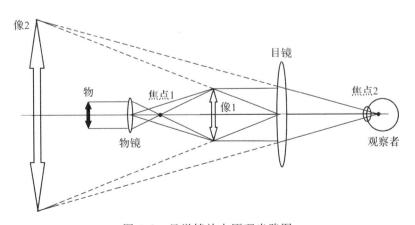

图 4.1　显微镜放大原理光路图

于物镜的前方,被物镜放大(第一级),成一倒立的实像,然后此实像被目镜放大(第二级),成一虚像,人眼看到的就是虚像。而显微镜的总放大倍率就是物镜放大倍率和目镜放大倍率的乘积(放大倍率是指直线尺寸的放大比,而不是面积比)。

4.1.2 衍射极限与分辨率

根据光学衍射原理,一束平行光通过点障碍物后,形成的斑点大小与物镜光学孔径的尺寸及波长有关,对应的弥散角由公式(4.1)决定:

$$\Delta\theta = 1.22\frac{\lambda}{D} \tag{4.1}$$

式中,$\Delta\theta$ 为物镜的衍射弥散角,λ 为光的波长,D 为物镜的光学孔径,与它的尺寸和折射率有关。显微镜分辨率与衍射弥散角的关系如图 4.2 所示,衍射弥散角越小,则显微镜分辨率越高。

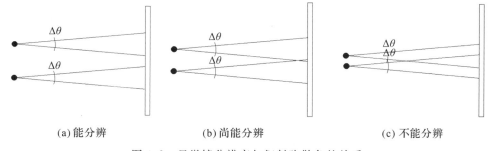

(a)能分辨　　　　　　　(b)尚能分辨　　　　　　　(c)不能分辨

图 4.2　显微镜分辨率与衍射弥散角的关系

光的波长越长,衍射弥散角越小,显微镜分辨率越低(图 4.3)。因此,当显微镜的几何结构及所用光学透镜确定后,用较短的波长可以获得较高的分辨率。例

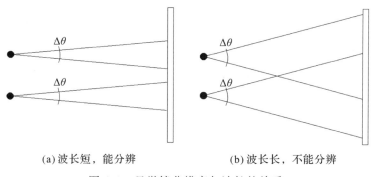

(a)波长短,能分辨　　　　　　　(b)波长长,不能分辨

图 4.3　显微镜分辨率与波长的关系

如,红光 DVD 与蓝光 DVD 的容量相差很大,本质上就是因为蓝光 DVD 所使用的激光器波长较短,因而衍射斑点较小,故蓝光 DVD 可以存储更多信息。

4.1.3　应用实例

图 4.4 为 Cu 衬底上生长的毫米级石墨烯的光学显微像,从中可清楚地看出石墨烯的对称性[1]。

图 4.4　Cu 衬底上生长的毫米级石墨烯的光学显微像

图 4.5 为 Si 衬底表面覆盖 $3 \times 10^{15}\,cm^{-3}$ Ni 原子,经 550℃ 热处理 12h 后的光学显微像,可见表面出现了灰色的圆斑。

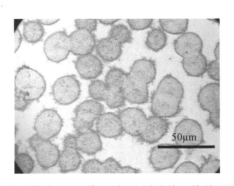

图 4.5　Si 衬底表面覆盖 $3 \times 10^{15}\,cm^{-3}$ Ni 原子并经热处理后的光学显微像

光学显微镜对样品没有破坏性,可以分析各种样品,但是其放大倍数较小,分辨率较低。可见光显微镜的分辨率为 $0.1\mu m$ 数量级。光学显微镜不能确定材料特定细节的成分及晶体结构,因此越来越不适应材料科学的发展。再加上高分辨

率的电子显微镜在各类研究机构日益普及,光学显微镜在材料领域的应用越来越窄。这里不再赘述光学显微镜的具体应用,有兴趣的读者可以查阅相关文献。

4.2　扫描电子显微镜

扫描电子显微镜(SEM)是指用电子探针对样品表面扫描使其成像的电子显微镜。

4.2.1　基本原理

由第 3.3 节电子衍射法,我们知道电子束对应的德布罗意波长为 $\lambda = \dfrac{12.226}{\sqrt{E_k}}$,这里 E_k 为电子束的动能(单位为 eV)。在现代电子显微镜中,电子束动能高达 $100 \sim 500\text{keV}$,因此电子束的波长可达 0.01nm 数量级。因此,光学电子显微镜的空间分辨力大大优于光学显微镜,从而可以获得极细小的表面结构。实际上,对于大多数样品,电子束衍射所引起的图像模糊效应基本可以忽略,因此,扫描电子显微镜的分辨率在很大程度上由电子束的束斑尺寸决定。

当一电子束入射到固体表面时,电子将与固体中的原子发生相互作用(图 4.6)。部分入射电子被弹性反弹,形成与入射电子束能量相同的背散射(back-scattering)电子;部分入射电子激发原子中的电子,进而产生 X 射线荧光、阴极荧

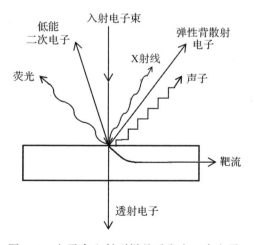

图 4.6　电子束入射到样品后发出二次电子

光、俄歇电子;还有部分电子与晶格碰撞,损失能量;如果样品足够薄,则还有部分电子穿透样品,形成透射电子。损失能量后的入射电子形成大量能量较低的二次电子。

通过分析样品发出的 X 射线荧光和俄歇电子的能量分布,可以获得材料的成分信息(如 EDX、AES);通过分析反弹的背散射电子,可以获得元素衬度信息;通过分析被样品吸收的电子流,可以获得材料中的缺陷信息。本节主要讨论利用通过电子激发产生的二次电子和弹性背散射电子获得表面形貌信息的扫描电子显微镜。

在扫描电子显微镜中(图 4.7),电子枪发出的电子束经聚焦线圈聚焦,由扫描线圈 X 和扫描线圈 Y(图中未画出)控制电子束的位置,通过物镜聚焦后,入射到样品表面。样品发出的二次电子由电子收集器收集,放大后由数据处理系统处理并显示。结合 X-Y 扫描,可以获得二维 SEM 像。一般情况下,电子束对应的电子波的衍射作用很小,如果放大倍数不是非常高,则 SEM 的空间分辨率主要由电子枪的束斑决定。

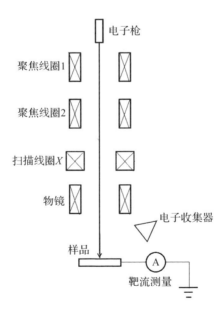

图 4.7　扫描电子显微镜

一般来说,二次电子在逸出表面的过程中经历多次散射,因此其最终的能量较小(一般为 10eV 数量级),逸出深度很浅,较深处产生的二次电子很难逸出表面,所以扫描电子显微镜主要探测较浅层产生的二次电子。

4.2.2 二次电子像

假设正入射时,电子束的束斑面积为 A_0,则当电子束与样品表面的夹角为 θ 时,电子束的束斑在样品表面的投影面积为 $A = A_0/\cos\theta$(图 4.8)。若入射电子束的透入深度很深,而能够逸出表面的二次电子来自表面浅层,则入射电子束照射到的面积越大,逸出表面的二次电子数量越多,即二次电子逸出的数量与样品表面微区结构的倾角相关。因此,通过收集表面产生的二次电子数量,即可得到电子束扫描点对应的材料微区表面的倾斜情况,从而可以获得表面形貌图。在 SEM 图像上,与入射电子束垂直的微区表面发射的二次电子数量较少,而与电子束几乎平行的微区表面发射的二次电子数量较多,由此形成灰度等级的二次电子像。

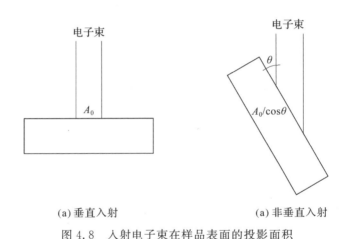

(a)垂直入射   (a)非垂直入射

图 4.8 入射电子束在样品表面的投影面积

根据上述分析,我们可以得到 SEM 像中灰度与样品表面倾角的关系(图 4.9)。

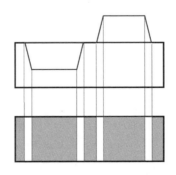

图 4.9 SEM 像中灰度与样品表面倾角的关系

SEM 观测到的形貌实际上并不能反映样品表面的高低起伏,而是与电子束入射区域的表面倾角有关。电子束与表面法线的角度较大时,SEM 像较亮,反之较暗。这在实际分析中必须注意,不要想当然地认为亮的地方是凸起,暗的区域是凹陷。

4.2.3　表面形貌观测

对于一般的样品表面,SEM 可以给出清晰的表面形貌(图 4.10)。图 4.10(a)所示未抛光的 Si 片表面显得非常粗糙;而图 4.10(b)所示抛光后的样品因表面非常平整,故在 SEM 像上反而看不到任何显微结构,整个二次电子像的灰度非常均匀,这说明样品表面非常平整[2]。

(a) 未抛光　　　　　　　　　　　　　(b) 抛光后

图 4.10　Si 片表面的 SEM 像

不过对于多晶样品,即使是肉眼看上去非常光洁的抛光表面,通过 SEM 也可看到有明显衬度的二次电子像。由 Si 表面沉积的金刚石膜经抛光后的 SEM 像(图 4.11)可以清楚地看出表面呈颗粒状[3]。

图 4.11　Si 表面沉积的金刚石膜经抛光后的 SEM 像

由表面光洁的电子束烧结的 $SrAl_2O_4$:Eu,Dy 长余辉发光粉的 SEM 像（图 4.12）可见晶粒与晶粒之间非常紧密,致密度很高[4]。

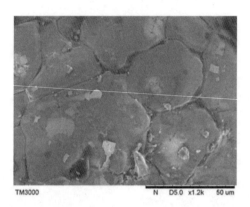

图 4.12　电子束烧结的 $SrAl_2O_4$:Eu,Dy 长余辉发光粉的 SEM 像

除了二维形貌,SEM 也可用于观测三维微纳结构,这在纳米及低维结构分析中非常有用。图 4.13 为 SiN_x/Si(111)模板上生长的 GaN 柱状物的形貌图[5]。

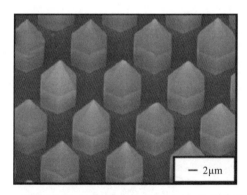

图 4.13　SiN_x/Si(111)模板上生长的 GaN 柱状物的形貌图

值得注意的是,SEM 观测到的颗粒不一定是晶粒,可能是由很多晶粒构成的颗粒,其尺寸可能比晶粒大很多。图 4.14 为电子束烧结前 $SrAl_2O_4$:Eu,Dy 粉末的 SEM 像,可见每个小颗粒是由很多更小的颗粒组成的[4]。因此,用 SEM 测量晶粒尺寸前,必须注意分析测量对象是一个独立的晶粒,而不是由晶粒组成的颗粒。

图 4.14 电子束烧结前 SrAl$_2$O$_4$:Eu,Dy 粉末的 SEM 像

4.2.4 缺陷观测

通过化学腐蚀可以把样品表面的缺陷显露出来,再利用 SEM 发现样品表面的缺陷。图 4.15 和图 4.16 分别为 Si 和 GaN 外延膜表面经腐蚀后的 SEM 像,可见存在缺陷造成的蚀坑,因此 SEM 对研究材料中的缺陷非常有用[6-7]。

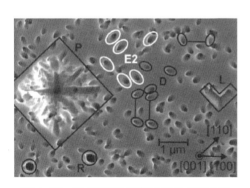

图 4.15 Si 外延膜经腐蚀后的 SEM 像

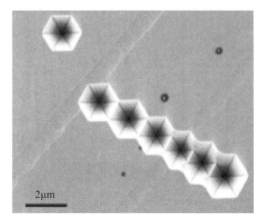

图 4.16 GaN 外延膜表面经腐蚀后的 SEM 像

4.2.5 纳米结构分析

SEM 因具有高空间分辨率,可以直接分析纳米材料的形状和成分。Si(111) 表面生长的 GaN 纳米线的 SEM 像如图 4.17 所示[8]。

图 4.17　Si(111)表面生长的 GaN 纳米线的 SEM 像

由 AlN 缓冲层沉积条件对 GaN/Si(111)薄膜的影响(图 4.18)可以看出,不同条件下沉积的 AlN 缓冲层对后续沉积的 GaN 薄膜的晶粒尺寸影响很大[9]。

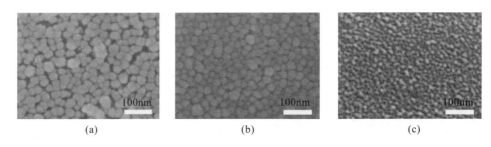

图 4.18　AlN 缓冲层沉积条件对 GaN/Si(111)薄膜的影响

4.2.6　扫描电子显微镜断面观测

扫描电子显微镜(SEM)断面分析是薄膜分析的重要工具。利用 SEM 及附带的 EDX 功能,可以清楚地确定各层的成分、厚度、界面平整度、相互扩散情况等信息。图 4.19 为石墨衬底上沉积的 Al/α-Si 双层膜结构退火前后的 SEM 断面[10]。通过 SEM 和 EDX 成分分析可以发现,在 N$_2$ 气氛下经 500℃退火 20h 后,原来处于下层的 α-Si 层转移到表面,成为晶态 Si(这需要通过电子衍射图或 XRD 确定),而下层则变成 Al-Si 合金层。

图 4.20 为 Si(111)衬底上沉积的 ZnMgO 薄膜的 SEM 断面,可见 ZnMgO 为自组装柱状生长。

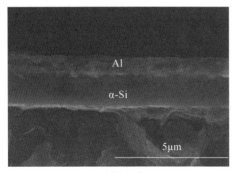

(a) 退火前　　　　　　　　　　　　　(b) 退火后

图 4.19　石墨衬底上沉积的 Al/α-Si 双层膜结构退火前后的 SEM 断面

图 4.20　Si(111)衬底上沉积的 ZnMgO 薄膜的 SEM 断面

4.2.7　背散射电子成像

　　背散射电子是指入射材料表面后被大角度弹性散射并离开样品表面的电子。由物理学可知,散射中心的引力越大,入射电子发生大角度散射的概率也越大。能够使得电子发生大角度背散射的是带正电的原子核,故原子的核电荷数越多,发生大角度散射的可能性越高(图 4.21)。因此,我们可以利用背散射电子成像,获得与原子序数相关的衬度像。

　　图 4.22 为 1150℃热处理 10h 后,高碳钢中的碳扩散到 Zr 衬底后断面的背散射电子像[11]。根据原子序数,C 的序数最小,Fe 次之,Zr 最大,因此背散射电子的亮度以 Zr 最强,Fe 次之,C 最弱。

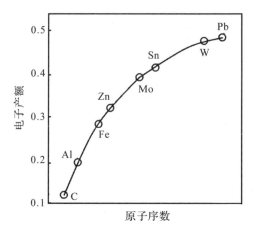

图 4.21　背散射电子产额与原子序数的关系

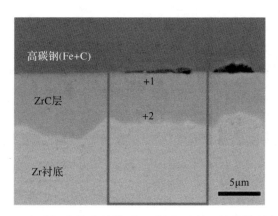

图 4.22　高碳钢中的碳扩散到 Zr 衬底后断面的背散射电子像

　　电子入射到固体表面后,会在一定的深度内多次散射,最后大角度背散射电子的分布区域比入射电子束要大(图 4.23)。因此,背散射电子像的分辨率较 SEM 差,但是其图像的衬度优于 SEM。另外,背散射电子衬度像要求样品中各元素的原子序数差别较大,否则图像灰度差别会很小。

　　由于目前大多数 SEM 都配备 EDX,因此可以直接通过 EDX 进行元素成像,背散射电子像的作用就不是很明显了。

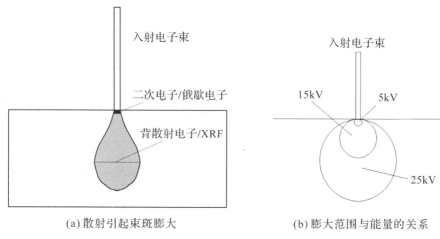

(a) 散射引起束斑膨大　　　　　(b) 膨大范围与能量的关系

图 4.23　背散射电子的分布区域及其与能量的关系

4.2.8　元素分布像

若 SEM 配有能量色散 X 射线分析(EDX),则可以用 EDX 进行点、线和面扫描,以获得表面的元素成分分布情况。

图 4.24 为 Na_2SiF_6 与熔融的 Al 反应所获得的 Al-Si 合金的 SEM 像和元素分布像[12]。仅从 SEM 像看不出元素的分布情况,无法了解合金是否均匀分布。但是通过 EDX 获得的 Si 和 Al 含量的面分布图,可以清楚地发现 Si 和 Al 的分布很不均匀,特别是 Si 含量分布非常不均匀。这在集成电路失效分析中非常有用。

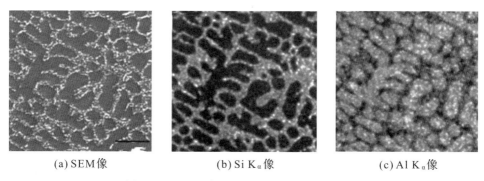

(a) SEM 像　　　　　(b) Si K$_\alpha$像　　　　　(c) Al K$_\alpha$像

图 4.24　Al-Si 合金的 SEM 像和元素分布像

4.2.9 俄歇电子能谱元素像

将 SEM 像与 EDX 像结合,不但可以得到二次电子形貌图,而且可以得到 EDX 元素分布像。但是,由于电子束产生的 X 射线的范围比入射电子束要大得多,与背散射电子的范围相当,因此 EDX 的空间分辨率比 SEM 像差。另外,EDX 对轻元素灵敏度不高,不太适合于分析集成电路工艺制作中涉及的轻元素(如 B、C、Li、N、O 等)。与 EDX 不同,俄歇电子能谱(AES)对轻元素却很灵敏,因此有些高分辨 SEM 配备了 AES 功能,有些高分辨 AES 设备带有二次电子成像功能。由于俄歇电子的平均自由程很短,因此能够逸出表面的俄歇电子仅在表面几个原子层。在这个深度范围内,电子束还没有因散射严重膨大,其范围与膨大前入射电子束的束斑相当,因此 AES 的空间分辨率与 SEM 相比虽有劣化,但是没有数量级的差别。

AES 成像的另一个优点是只对表面灵敏。集成电路工艺中大量采用薄膜工艺,由于 X 射线荧光的透射深度较深,很难做到表面灵敏,而 AES 探测深度浅,因此非常适于分析集成电路工艺中硅片表面的情况。

图 4.25 为 Si 衬底上沉积的 Ge 纳米点和 Si 衬底的 AES 像[13],其中图 4.25(a)为 Ge 的元素分布像及线扫描结果,图 4.25(b)为 Si 的元素分布像及线扫描结果,可见中间的颗粒为 Ge,且 Ge 位于 Si 衬底之上。

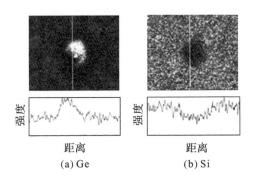

图 4.25 Si 衬底上沉积的 Ge 纳米点和
Si 衬底的 AES 像

俄歇成像不但可以区分元素,而且可以区分同一元素的不同价态。图 4.26 为 Si 衬底上不同价态 Si 的 AES 像。可见 AES 成像对集成电路工艺非常重要。

(a) Si衬底

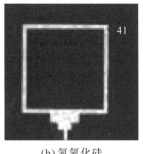
(b) 氮氧化硅

(c) 金属硅化物

图 4.26 Si 衬底上不同价态 Si 的 AES 像

4.3 扫描隧道显微镜和原子力显微镜

第 3 章已提到扫描隧道显微镜(STM)和原子力显微镜(AFM)可以给出晶体表面结构的信息,并介绍了相关原理。更多情况下,这两种手段主要用于表面形貌分析。本节提供几个实例供读者参考。

图 4.27 为自组装 InAs 量子点的 STM 像[14];图 4.28 为化学-机械抛光(chemical mechanical polishing,CMP)后 SiC 表面的 AFM 像[15],因机械抛光而形成的沟道结构清晰可见。

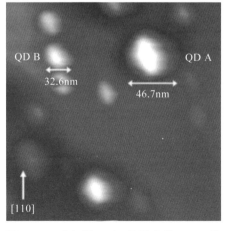

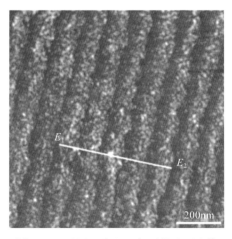

图 4.27 自组装 InAs 量子点的 STM 像 　　图 4.28 CMP 后 SiC 表面的 AFM 像

SEM 像的灰度不但与形貌相关,而且与样品表面的倾角及原子序数等因素相关,即 SEM 像中的灰度并不一定代表表面高度。与 SEM 像不同,STM 像和 AFM 像中的灰度代表表面的真实高度。因此,STM 像和 AFM 像是真正的形貌图,例如测量表面粗糙度、光洁度等参数应该采用 STM 或 AFM。不过,SEM 断面可以观测表面形貌的高度,如图 4.20 所示,可以测量出 ZnMgO 柱状结构的高度。

4.4　台阶仪

台阶仪也称表面轮廓仪(surface profiler),通常用于测量台阶的高度;配上二维探针驱动装置后,也可用于测量三维表面形貌。

根据所使用的不同传感器,台阶仪可以分为电感式和光电式等。前者由于精度差,不太适用于光电器件领域,目前光电式台阶仪较为多用。

4.4.1　电感式台阶仪

电感式台阶仪结构的核心是微型电感构成的变压器(图 4.29)。当探针在高低不平的薄膜表面移动时,铁芯在电感内部相应地上下移动,使得电感的耦合度发生变化,导致变压器的输出电压跟着变化,由此获得薄膜表面形貌(高度)信息。不过电感式台阶仪的精度和灵敏度都不高,实际上并不适用于测量薄膜厚度,但是其结构简单,成本很低。

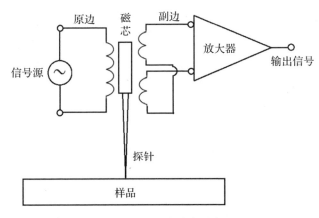

图 4.29　电感式台阶仪

4.4.2　光电式台阶仪

光电式台阶仪(图 4.30)中,一个杠杆的前端装有针尖,杠杆的转轴上装有一个反光镜,杠杆可以绕其自身的轴转动。一束激光照射到反光镜上,当针尖在样品表面移动时,如果表面高低不平,则杠杆发生偏转,导致激光经反光镜反射后的方向发生改变。通过光学位置敏感传感器(PSD)可以检测到微小的角度变化,并可由角度变化计算得到针尖的高度,从而得到

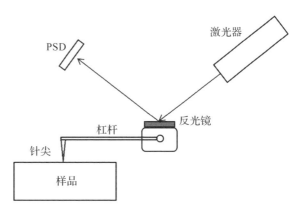

图 4.30　光电式台阶仪

表面高度。通过二维压电陶瓷马达驱动扫描,可以得到二维形貌图。不难发现,光电式台阶仪的原理与接触模式的 AFM 非常相似。

PSD 可以检测到极小的光斑位置偏移,因此对反射激光束的角度变化非常灵敏。目前光电式台阶仪的空间分辨率已与 AFM 相当,可以达到纳米数量级,被广泛应用于蚀刻、溅射、沉积、旋涂、抛光等表面处理工艺研究。

图 4.31 为光电式台阶仪测量的 304 不锈钢材料表面的形貌图[16]。图 4.32 为光电式台阶仪测量的单晶 Si 太阳能电池表面的粗糙度曲线[17]。

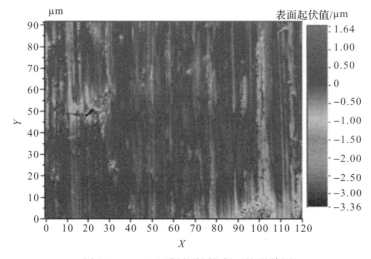

图 4.31　304 不锈钢材料表面的形貌图

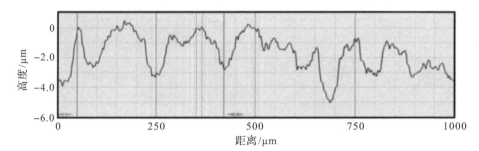

图 4.32　单晶 Si 太阳能电池表面的粗糙度曲线

参考文献

［1］Mirabito T，Huet B，Briseno A，et al．Physical vapor deposition of zinc phthalocyanine nano-structures on oxidized silicon and graphene substrates［J］．Journal of Crystal Growth，2020，533：125484.

［2］Pandey K，Pandey P M．Chemically assisted polishing of monocrystalline silicon wafer Si(100) by DDMAF［J］．Procedia Engineering，2017，184：178-184.

［3］Takeno T，Komoriya T，Nakamori I．SEM images of partly polished diamond coatings deposited onto Si substrate［J］．Diamond and Related Materials，2005，14(11-12)：2118-2121.

［4］Ji Z G，Tian S，Chen W K，et al．Enhanced long lasting persistent luminescent SrAl$_2$O$_4$：Eu，Dy ceramics prepared by electron beam bombardment［J］．Radiation Measurements，2013，59：210-213.

［5］Foltynski B，Garro N，Vallo M，et al．The controlled growth of GaN microrods on Si(111) sub-strates by MOCVD［J］．Journal of Crystal Growth，2015，414：200-204.

［6］Rau B，Petter K，Sieber I，et al．Extended defects in Si films epitaxially grown by low-tempera-ture ECRCVD［J］．Journal of Crystal Growth，2006，287(2)：433-437.

［7］Weyher J L，Kamler G，Nowak G，et al．Defects in GaN single crystals and homoepitaxial structures［J］．Journal of Crystal Growth，2005，281(1)：135-142.

［8］Lee Y M，Navamathavan R，Song K Y，et al．Bicrystalline GaN nanowires grown by the forma-tion of Pt plus Ga solid solution nano-droplets on Si(111) using MOCVD［J］．Journal of Crystal Growth，2010，312(16-17)：2339-2344.

［9］Li D W，Diao J S，Zhuo X J，et al．High quality crack-free GaN film grown on Si(111) sub-strate without AlN interlayer［J］．Journal of Crystal Growth，2014，407：58-62.

［10］Wei L S，Chen N F，He K P，et al．Preparation of poly-Si films by inverted AIC process on graphite substrate［J］．Journal of Crystal Growth，2017，480：28-33.

［11］Zhao Z Y，Liu F Y，Wang Q，et al．Microstructure and mechanical properties of ZrC coating on zirconium fabricated by interstitial carburization[J]. Journal of Alloys and Compounds,2020, 834:155110.

[12] Mahran G M A, Omran A N M, Abu Seif E S S, et al. The formation mechanism and characterization of Al-Si master alloys from sodium fluosilicate[J]. Materials Science(Medziagotyra), 2020,26(2):185-191.

[13] 薛菲,刘俊亮.高分辨场发射俄歇电子探针研究纳米锗硅量子点结构的表面组分分布[J].表面技术,2008,37(5):24-25.

[14] Toujyou T, Otsu T, Wakamatsu D, et al. In situ STM observations of step structures in a trench around an InAs QD at 300℃[J]. Journal of Crystal Growth,2013,378:44-46.

[15] Zhou Y, Pan G S, Shi X L, et al. XPS, UV-vis spectroscopy and AFM studies on removal mechanisms of Si-face SiC wafer chemical mechanical polishing (CMP)[J]. Applied Surface Science,2014,316:643-648.

[16] Luo K Y, Yao H X, Dai F Z, et al. Surface textural features and its formation process of AISI 304 stainless steel subjected to massive LSP impacts[J]. Optics and Lasers in Engineering, 2014,55:136-142.

[17] Basher M K, Hossain M K, Akand M A R. Effect of surface texturization on minority carrier lifetime and photovoltaic performance of monocrystalline silicon solar cell[J]. Optik,2015,176: 93-101.

第 5 章　薄膜厚度测量

薄膜工艺是现代集成电路制作的基础工艺之一。薄膜的成分、结晶状态和厚度等对器件的性能具有重要影响。本章将主要介绍常用的薄膜厚度测量方法。

5.1　称重法

称重法是最基本的厚度测量方法之一,常用于测量金属箔的厚度。随着分析天平的精度(或称最小称量)日益提高,称重法若使用得当,也可用于测量纳米级的薄膜厚度。

例如,对于大直径衬底上沉积的薄膜,只要测量沉积薄膜前后衬底质量的变化,根据薄膜的密度,即可计算出薄膜厚度。假设利用分析天平称量出沉积薄膜前衬底的质量为 m_0,沉积薄膜后称量出衬底的质量为 m,衬底面积为 A,薄膜密度为 ρ,则可得薄膜厚度 d:

$$d = \frac{m - m_0}{A\rho} \tag{5.1}$$

这种方法对大直径或大面积的基板比较适用。对于直径为 D 的圆形衬底(如硅片),式(5.1)可改写为

$$d = \frac{4(m - m_0)}{\pi D^2 \rho} \tag{5.2}$$

设硅材料密度 $\rho = 2.3 \mathrm{g/cm^3}$,硅片直径 $D = 200 \mathrm{mm}$,分析天平的精度为 $0.1 \mathrm{mg}$,则可以检测的最小厚度为

$$d = \frac{4 \times 0.1 \mathrm{mg}}{3.14 \times (200 \mathrm{mm})^2 \times 2.3 \mathrm{g/cm^3}} = 1.38 \mathrm{nm} \tag{5.3}$$

称重法可测量任何成分的薄膜,甚至可以测量与衬底结构及成分完全一致的

外延膜,如 Si/Si 外延膜。称重法的精度取决于衬底的尺寸和分析天平的精度。高档的分析天平的精度一般好于 0.01mg 数量级,因此,对于大尺寸衬底上沉积的薄膜,其厚度分辨率可达 0.1nm 数量级。

称重法的最大缺点是沉积薄膜前后基板的质量不能发生任何改变(基板氧化、蒸发等都可能造成基板质量变化),否则会导致很大的误差;另一个缺点是必须在沉积前后各称量一次,一旦沉积完成,就无法再称量沉积前的基板质量。

5.2　石英晶体微天平

当一块具有非对称中心的晶体受压变形时,材料两侧会产生电压;反之,当对一块非对称性晶体两侧施加电压时,材料会发生物理形变。上述现象称为压电效应。之所以产生压电效应,是因为晶体在受到外力作用时,内部产生电极化现象,这使得在外力方向的两个外表面上产生符号相反的电荷。撤去外力后,晶体又恢复到不带电的状态。当外力作用方向改变时,两个外表面上电荷的极性也随之改变。

实验发现,晶体受力所产生的电荷量与外力成正比。当没有外力时,三个方向的极化矢量 P_1、P_2、P_3 数值相等,因此总极化为 0;当某一方向受到外力作用时,该方向的极化分量发生变化,导致总极化不为 0,因此在上下表面感应出电荷(图 5.1)。

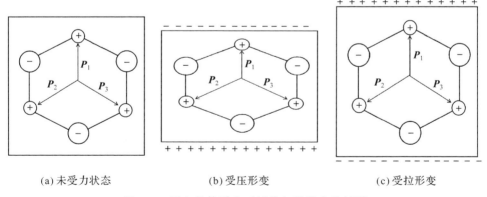

(a) 未受力状态　　　　　　(b) 受压形变　　　　　　(c) 受拉形变

图 5.1　压电晶体受力时极化矢量的变化情况

压电晶体的晶格按照一定的固有频率振动,这种晶体的尺寸会发生周期性微小变化,因此晶体表面的电荷也呈周期性变化。晶体的固有频率与晶体和电极的尺寸、质量等相关。在晶体和电极的尺寸、质量等确定后,压电晶体的固有频率也确定了。将压电晶体接入电路,如果外电路的振动频率与压电晶体的固有频率相同,则可发生共振。压电振荡现象可以作为频率基准或时间基准,其温度系数低、可靠性高。

石英晶体微天平(QCM)一般为圆片形。石英晶体上沉积薄膜后,其总质量增加,固有频率相应减小,

$$\Delta f = -c \frac{f_0^2}{A} \Delta m \qquad (5.4)$$

式中,A 为电极面积,c 为与材料相关的常数,f_0 为未沉积薄膜时石英晶体的固有频率,Δm 为石英晶体上沉积物的质量,Δf 为振荡电路振荡频率的变化。由式(5.4)可得

$$\Delta m = \frac{A \Delta f}{c f_0^2} \qquad (5.5)$$

因此,通过测量振荡电路振荡频率的变化(Δf)即可得到石英晶体上沉积物的质量(Δm)。如果沉积物的密度已知,则可以计算出沉积物的厚度,即

$$d = \frac{\Delta m}{\rho A} = \frac{\Delta f}{c f_0^2 \rho} \qquad (5.6)$$

式中,ρ 为沉积物的密度,d 为石英晶体上沉积的薄膜厚度。

假如衬底上沉积的薄膜厚度 D 与 QCM 上沉积的薄膜厚度 d 有确定的对应关系,那么可由后者推算前者。

不难看出,这种方法实际上也是称重法,只不过这里利用晶体振动频率随沉积质量的变化来测量沉积的薄膜质量。这就是 QCM 中微天平(microbalance)的来源。

图 5.2 呈现了 Au 表面沉积 TMSC 膜及 TMSC 膜与 HCl 气体反应过程中 QCM 频率和质量的变化[1]。如图 5.2(a)所示,沉积 TMSC 膜后 QCM 频率下降,即质量增加;TMSC 膜与 HCl 气体反应后频率回升,这表明部分产物以气态释放,故 TMSC 膜质量减轻。根据频率变化可得沉积的 TMSC 膜的质量,如图 5.2(b)所示,如果知道 Au 衬底的面积和 TMSC 膜的密度,即可得到 TMSC 膜的厚度。

QCM 构成的薄膜厚度测试仪灵敏度较高,1ng 的沉积物即可改变 QCM 的振动频率,因此可检测到亚原子层厚的沉积物。另外,QCM 结构简单,维护方便,成本较低,且精度很高,因此被广泛应用于物理沉积的薄膜设备中,起到实时监控薄膜厚度的作用。

但是,对应不同的沉积物,需要对 QCM 进行精确的校正和定标,否则会产生

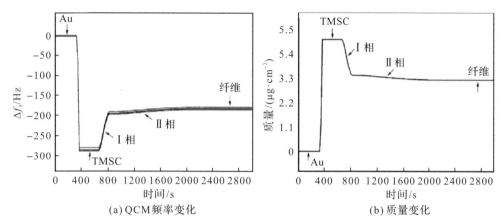

图 5.2　Au 表面沉积 TMSC 膜及 TMSC 膜与 HCl 气体反应过程中 QCM 频率和质量的变化

较大误差。QCM 只能测量正在沉积的薄膜,无法测量沉积后的薄膜。此外,QCM 的振动频率与温度相关,因此对于精度要求较高的场合,测量时要注意稳定石英晶体的温度。

5.3　反射高能电子衍射

反射高能电子衍射(RHEED)不但可以监控薄膜的结晶状态,还可以监控外延生长单晶薄膜的厚度。

分子束外延生长 GaSb 和 BiGaSb 薄膜时 RHEED 强度的振荡曲线如图 5.3 所示[2]。第 3.5.3 节已介绍,一个完整的衍射强度振荡周期相当于沉积一个完整的原子层,因此可以非常直观地得出沉积速率和已经沉积的薄膜厚度。

除了厚度信息,我们还可以从 RHEED 强度判断薄膜的结晶质量。从图 5.3(b) 可以看出,240℃下生长的薄膜的 RHEED 振幅较大且不随沉积时间发生变化,这说明薄膜表面非常平整。

要观测到 RHEED 图像,薄膜必须是单晶的。对于非单晶薄膜,RHEED 无法给出沉积速率。

与 QCM 一样,RHEED 只能用于监控生长过程中单晶薄膜的沉积速率、厚度及表面完整性,并不能测量已经生长完成的薄膜厚度。因此我们还需要其他的薄膜厚度测量手段。

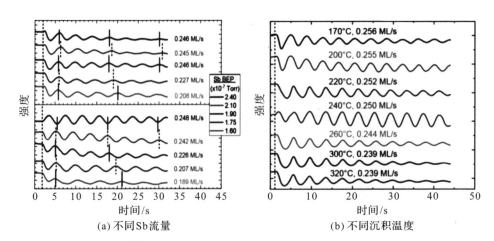

(a) 不同Sb流量   (b) 不同沉积温度

图 5.3 分子束外延生长 GaSb 和 BiGaSb 薄膜时 RHEED 强度的振荡曲线

5.4 利用表面形貌分析方法测量薄膜厚度

原则上,任何可以表征样品表面形貌的方法都可以用于测量薄膜厚度,例如 AFM、STM 和台阶仪等。只要在薄膜沉积过程中遮盖掉部分衬底或者腐蚀掉部分沉积的薄膜,使部分衬底上面没有薄膜沉积,即可通过测量有薄膜和没有薄膜部分的高度差,得到薄膜厚度。通过测量台阶高度获得薄膜厚度如图 5.4 所示。

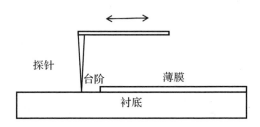

图 5.4 通过测量台阶高度获得薄膜厚度

图 5.5 为 GaAs 衬底上制作的 AlGaAs/GaAs/InAs/GaAs/AlGaAs 量子阱结构的 AFM 像[3]。从中不但可以得到 AlGaAs 层的厚度,还可以得到 InAs 层和 GaAs 层的宽度。

AFM 的扫描范围很小,要找到有薄膜和无薄膜生长的边界处的台阶位置并

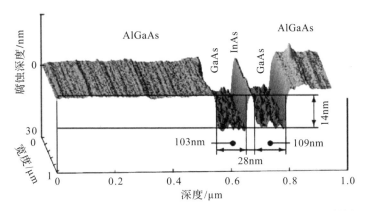

图 5.5　GaAs 衬底上制作的 AlGaAs/GaAs/InAs/GaAs/AlGaAs 量子阱结构的 AFM 像

不容易,所以实际操作时需要耐心和经验。至于用 STM 和台阶仪测量厚度的原理与 AFM 完全相同,只不过要求样品为非绝缘体。台阶仪的扫描范围相对要大得多,因此经常用于测量薄膜厚度,这也是表面轮廓仪(surface profiler)又称台阶仪的来由。

5.5　光干涉法

当一束平行光入射到沉积有薄膜的固体表面时,薄膜表面的反射光和薄膜/基板界面的反射光发生干涉(图 5.6),因此反射光总强度发生加强或减弱。如果对入射光的波长进行扫描,则可以观测到反射光的强度随波长变化发生振荡现象。

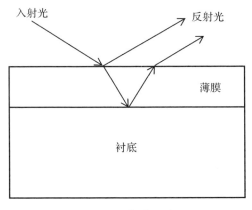

图 5.6　薄膜干涉

目前比较流行的是由微型光纤光谱仪构成的光学干涉法测厚仪。由微型光纤光谱仪和白光光源构成的反射式薄膜厚度测试仪(图 5.7)具有结构紧凑、携带方便等优点[4],光纤可以双向传输入射光和反射光。白光入射光以 90°通过光纤正入射到样品表面,以近 90°角度反射,再经光纤输入到微型光纤光谱仪,通过计算机软件拟合可以获得单层膜和多层膜的折射率(n)和厚度(d)。干涉强度极大值满足:

$$2nd = m\lambda \quad (m \text{ 为整数}) \tag{5.7}$$

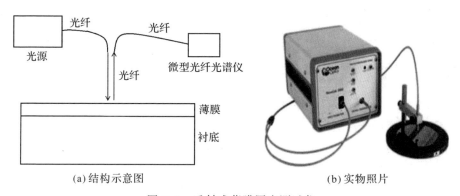

(a) 结构示意图   (b) 实物照片

图 5.7 反射式薄膜厚度测试仪

某种薄膜实际测得的反射率曲线及拟合结果如图 5.8(a)所示。除了薄膜厚度,数据拟合还给出了折射率和消光系数随波长的变化情况,如图 5.8(b)所示。

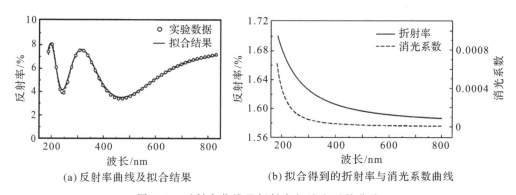

(a) 反射率曲线及拟合结果   (b) 拟合得到的折射率与消光系数曲线

图 5.8 反射率曲线及折射率与消光系数曲线

光干涉法不但能够测量出多层膜各层的厚度,而且可以拟合出各层的光学常数。不过,由于光谱仪局限于紫外-可见光-近红外波段,波长较长,因此可测量的最小厚度为 10nm 数量级。另外,因为需要界面反射光,所以要求薄膜透过,起码要部分透过,否则得不到干涉引起的强度振荡。

实际上,如果膜较厚,在整个透射光谱中可以看到数个强度振荡,那么在没有干涉测厚仪的情况下,我们也可以通过普通的透射光谱,自行计算获得薄膜的厚度和折射率,即通过包络线法获得透过率极大值 T_M 对应的极大值包络线和透过率极小值 T_m 对应的极小值包络线[5](图 5.9)。根据透射曲线中的极大值和极小值,分别作两条曲线 T_M 和 T_m,由这两条曲线得到薄膜的折射率 n:

$$n = [N + (N^2 - n_s^2)]^{1/2} \tag{5.8}$$

式中,n_s 为衬底的折射率。然后可通过折射率 n 获得薄膜的厚度 d。

引入参数 N,将其定义为

$$N = \frac{2n_s(T_M - T_m)}{T_M T_m} + \frac{n_s^2 + 1}{2} \tag{5.9}$$

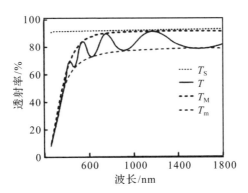

图 5.9 透射光谱的最大值包络线 T_M 和最小值包络线 T_m

设某个极大值对应的波长为 λ_1,折射率为 n_1,与此相邻的另外一个极大值对应的波长为 λ_2(假定 $\lambda_2 > \lambda_1$),折射率为 n_2,则两个极大值有下述关系:

$$2n_1 d = m\lambda_1, \quad 2n_2 d = (m+1)\lambda_2 \quad (m \text{ 为整数}) \tag{5.10}$$

由此可得

$$d = \frac{\lambda_1 \lambda_2}{2(n_2\lambda_1 - n_1\lambda_2)} \tag{5.11}$$

须注意,在选取极大值或极小值包络线时,透射曲线最好处于比较平坦的区域。透射曲线越平坦,则该范围内折射率变化越小。

5.6　X 射线衍射

由于常用光谱仪的最短波长大致为 200nm,因此想要看到明显的强度振荡现象,薄膜的厚度不能太薄(一般在 10nm 以上),而且要求样品在所处波长范围内透明。

X 射线波长比紫外-可见-近红外光短得多,如常用的 Cu Kα 波长为0.154nm,远远小于普通光谱仪的最短波长,因此利用 X 射线干涉可以测量非常薄的薄膜厚度。

X 射线衍射(XRD)的原理与光学衍射完全相同,只不过对于 X 射线来说,所有物体的折射率几乎等于 1,因此一般拟合过程中可以不考虑折射率的影响。不过在普通的 XRD 中,我们不能改变 X 射线的波长,因此只能通过改变 X 射线的入射角和衍射角以改变光程差。

我们知道,布拉格衍射公式为 $2d\sin\theta=\lambda$,对应衍射主极大。实际上,除了主极大外,衍射谱中还有一系列衍射次极大,即 $2d\sin\theta_m=m\lambda$。设 θ_m 为 m 个衍射次极大对应的角度,θ_n 为 n 个衍射极大值对应的角度,则有

$$2d\sin\theta_m=m\lambda, \quad 2d\sin\theta_n=n\lambda \tag{5.12}$$

因此,

$$d=\frac{(m-n)\lambda}{2(\sin\theta_m-\sin\theta_n)} \tag{5.13}$$

一般情况下,两个次极大对应的角度与薄膜的主衍射峰的角度相差很小,因此式(5.13)可以简化为

$$d=\frac{(m-n)\lambda}{2\cos\theta\Delta\theta} \tag{5.14}$$

这里 θ 为薄膜的主衍射峰对应的衍射角度,是横坐标 2θ 的一半。如 ZnO(002)的衍射角 2θ 为 34.4°,则式(5.14)中的 θ 为 17.2°。同样,$\Delta\theta$ 为 XRD 谱中 FWHM 的一半。

由于次极大之间的角度差很小,因此实验一般需要在 HDXRD 上进行。图5.10为 ZnO 薄膜的 HRXRD 摇摆曲线[6],其中有一系列的衍射次极大。根据衍射次极大之间的距离和式(5.14)可得到薄膜的厚度。

对于多层膜结构,如量子阱或超晶格结构,HDXRD 摇摆曲线的形状会比较复杂,但是可以通过 X 射线动力学模拟软件获得各层的厚度,同时可以获得薄膜的

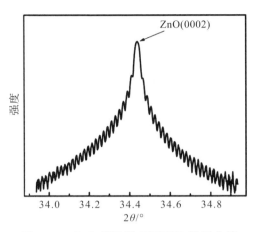

图 5.10　ZnO 薄膜的 HRXRD 摇摆曲线

成分、界面粗糙度等信息。图 5.11 为 GaAs/GaInAs 多量子阱结构的 HDXRD 摇摆曲线[7]，可见拟合结果与实验数据符合得很好。

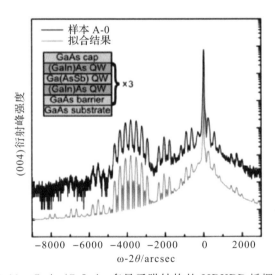

图 5.11　GaAs/GaInAs 多量子阱结构的 HRXRD 摇摆曲线

在 HDXRD 中，如果样品表面和界面比较粗糙，则干涉引起的精细结构将会消失。由 Ge/Si 短周期超晶格中 Ge 含量低和 Ge 含量高时的 HRXRD 摇摆曲线（图 5.12）可知，当 Ge 含量较少时，干涉引起的强度振荡非常明显；而当 Ge 含量较高时,这种精细结构却消失了[8]。可见 Ge 含量较高时,SiGe 外延层的界面变得不平坦。

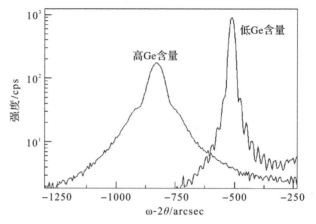

图 5.12　Ge/Si 短周期超晶格中 Ge 含量低和 Ge 含量高时的 HRXRD 摇摆曲线

XRD 是一种非破坏性分析手段,对计算半导体超晶格结构非常有用。

5.7　小角 X 射线反射

在上述分析中,我们都假定薄膜为单晶膜,因此会有很强的衍射峰。但是非晶薄膜没有明显的衍射峰,因此不能通过 HDXRD 摇摆曲线的强度振荡获得薄膜厚度和成分。不过,我们可以通过小角 X 射线反射(small angle X-ray reflection, SAXRR)获得非晶薄膜的厚度、成分、表面平整度等信息。

一束平行 X 射线以很小的角度入射到薄膜表面,X 射线将在薄膜表面和薄膜/衬底界面发生反射,这与紫外-可见-近红外光的反射与干涉情况类似(图 5.13)。

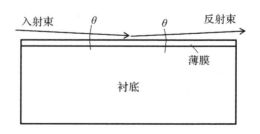

图 5.13　小角 X 射线反射

SAXRR 的公式与 HDXRD 完全相同,即

$$d = \frac{(m-n)\lambda}{2(\sin\theta_m - \sin\theta_n)} \qquad (5.15)$$

但是,由于入射角 θ 很小,因此式(5.15)可以简化为

$$d \approx \frac{(m-n)\lambda}{(2\theta_m - 2\theta_n)} \qquad (5.16)$$

如果 θ 以度为单位,则上式可以改为

$$d \approx \frac{(m-n)\lambda}{(2\theta_m - 2\theta_n)} \frac{180°}{\pi} \qquad (5.17)$$

须注意,XRD 谱中横坐标正好为 2θ,所以公式分母中的 2θ 直接就是 XRD 谱中衍射极大值对应的角度。

由强度振荡周期可以获得层厚,分析强度的衰减快慢可以获得表面和界面粗糙度等信息。通过 X 射线动力学软件拟合,还可以得到薄膜成分、密度等信息。

图 5.14 为载玻片上沉积的 CdO 薄膜的 SAXRR 谱[9],其中 3 个样品的反射曲线中有明显的强度振荡现象。计算可得,对于 b、c、d 三个样品,薄膜厚度分别为 164nm、151nm 和 120nm。

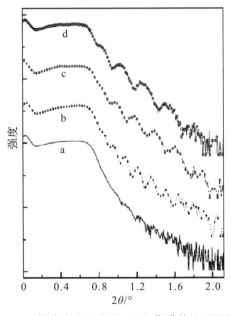

图 5.14　载玻片上沉积的 CdO 薄膜的 SAXRR 谱

SAXRR 也可用于分析多层膜的结构信息,图 5.15 为 75 个周期的 Zr-4nm/Cu-4nm 多层膜样品的 SAXRR 谱及拟合结果[10]。

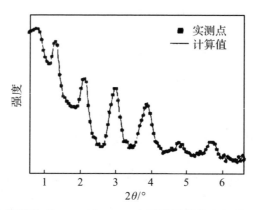

图 5.15　75 个周期的 Zr-4nm/Cu-4nm 多层膜样品的 SAXRR 谱及拟合结果

不过,X 射线波长很短,强度随角度衰减的速度很快,信号收集的角度范围很小,一般只有 0°~5°,甚至更小。所以对 XRD 的角度精度要求以及样品位置与角度的调整要求很高,一般情况下要求在 HRXRD 上进行此类实验。不过,若减小 X 射线光路中的狭缝,改造样品台并使其高度可以精确调整,则在普通 XRD 也能实现 SAXRR。图 5.16 为 Si 衬底上生长的 SiO$_2$ 薄膜的 SAXRR 谱[11],相关数据是在经改装的普通 XRD 上取得的。

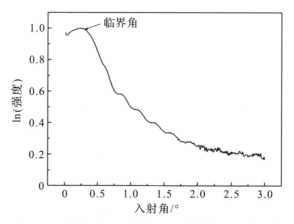

图 5.16　Si 衬底上生长的 SiO$_2$ 薄膜的 SAXRR 谱

5.8　椭偏仪

在光干涉法中,我们只利用了反射光或透射光的振幅变化(即光程差),未涉及光的相位和偏振。实际上,当光入射到固体表面或界面时,不但光的振幅会发生变化,而且相位和偏振情况也会发生改变。一般情况下,表面和界面会发生多重反射,各级反射光相互干涉,使得反射光的振幅、相位和偏振发生变化。如果入射光是线偏振的,则反射光不再是线偏振的,因为垂直入射面的振动与平行入射面的振动有相位差,所以反射光呈椭圆偏振。

椭偏仪如图 5.17 所示。单色光源发出的一束光经起偏器后变成线偏振光,在经过一个 1/4 波片后,由于双折射现象而分成互相垂直的 P 波和 S 波两个分量,变成椭圆偏振光。椭圆偏振光入射到样品表面后,经表面、薄膜/衬底界面多次反射后,其相位和 P 波、S 波的分量会发生改变,但是总体上仍为椭圆偏振光。

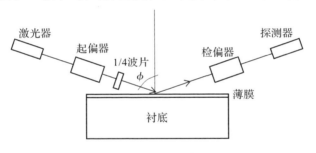

图 5.17　椭偏仪

激光器发出的光束在反射前后的变化可以用两个参数来描述:一是振幅参量,即 P 波和 S 波的振幅之比的变化 $\tan\Psi$,Ψ 为入射角;二是相位参量 Δ,即 P 波和 S 波的相位差。$\tan\Psi$ 和 Δ 存在以下关系:

$$\tan\Psi e^{i\Delta} = \frac{R_P}{R_S} \tag{5.18}$$

式中,R_P 和 R_S 分别是反射的 P 波和 S 波的振幅绝对值。

实验发现,当入射角、衬底、入射光波长等确定后,Ψ 和 Δ 是薄膜折射率和厚度的函数。对于特定厚度的薄膜,通过旋转起偏器总可以找到一个合适的角度,使得反射光变为线偏振光;再转动检偏器,使得透过的光强度达到最小值。此时反射的线偏振光与检偏器垂直,出现消光现象。

当出现消光现象时,式(5.18)中的 Ψ 和 Δ 可分别由检偏器 A 的方位角及起偏器 B 的方位角决定。把 A 和 B 转换为 Ψ 和 Δ 后,再与事先测定好的 Ψ-Δ 图对照,即可同时确定薄膜的厚度和折射率。

图 5.18 为 Si 衬底上薄膜的 Ψ-Δ 图。假设测到的 Δ 为 240°,Ψ 为 70°,则从图 5.18 可以得到薄膜折射率为 1.4,薄膜厚度为 150nm。

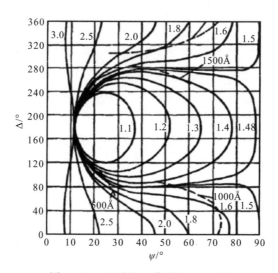

图 5.18　Si 衬底上薄膜的 Ψ-Δ 图

对于某一特定的薄膜,假定折射率不变,激光器的波长也不变,只有薄膜厚度变化,则 Ψ-Δ 图只剩下一条曲线。图 5.19 为 Si 衬底上热氧化膜的 Ψ-Δ 图,其中激光器的波长为 632.8nm,折射率为 1.46。只要测量出 Ψ 和 Δ,即可获得薄膜厚度。

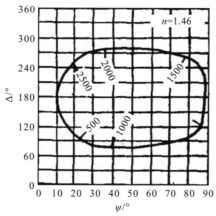

图 5.19　Si 衬底上热氧化膜的 Ψ-Δ 图

　　更加先进的光谱型椭偏仪可以分析单层膜和多层膜。其通过改变入射光的波长,使得拟合可在一定的波长范围内进行。通过多次反射模型计算拟合,可给出测定波长范围内的折射率和消光系数,计算多层薄膜的厚度和折射率。

　　在人工处理数据的年代,主要通过人工查找比对 Ψ-Δ 图进行计算,不但步骤麻烦,而且误差较大。随着计算机和软件技术的发展,比对工作完全可以由电脑完成,其速度快、精确度高。椭偏仪的测量精度可达 0.01nm 数量级,而且可以同时给出薄膜厚度、折射率和消光系数等信息。但是,由于需要表面和多层膜界面的反射光一起参与,椭偏仪只能用于测量对入射光束透明的薄膜。

5.9　断面扫描

　　利用电子束扫描样品断面,即可获得断面的形貌。对于多层膜来说,各层的成分、微结构等各不相同,会有衬度差,在扫描电子显微镜(SEM)图像上表现为灰度不同。因此可在 SEM 像上获得各层的厚度,或通过选定的直线进行线扫描,即可获得断面各层的厚度。

　　由石墨衬底上沉积的 Al/α-Si 膜的 SEM 断面(图 5.20),可以清楚地看出各层之间的界面[12]。

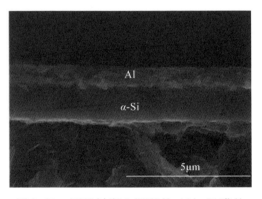

图 5.20　石墨衬底上沉积的 Al/α-Si 膜的
SEM 断面

　　由 GaAs 衬底上沉积的 Pb$_{1-x}$Eu$_x$Te/CdTe 多层膜的 SEM 断面(图 5.21),可以非常简单地确定各层的薄膜厚度和周期[13]。

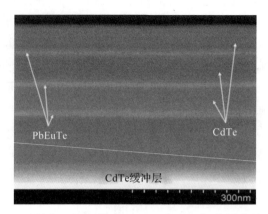

图 5.21　GaAs 衬底上沉积的 $Pb_{1-x}Eu_xTe/CdTe$ 多层膜的 SEM 断面

与前述的利用紫外-可见-近红外光干涉、X 射线衍射或反射法确定薄膜厚度的技术不同，用 SEM 断面确定薄膜厚度并不要求膜层非常平整。表面和界面过度粗糙会导致反射光束的弥散，使干涉或衍射产生的强度差变小甚至消失。SEM在测量薄膜厚度时是基于电子束扫描，与衍射、干涉现象无关，因此可用于分析不规则界面的薄膜厚度。图 5.22 为不规则结构的 SEM 断面[14]，从中可以清楚地观测到 SiO_2 层为柱状结构，这在器件结构分析中特别有用。

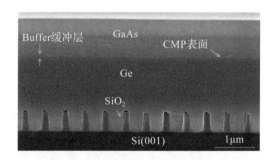

图 5.22　不规则结构的 SEM 断面

我们也可以利用高分辨透射电子显微镜（high resolution transmission electron microscope，HRTEM）获得断面，并由断面确定各层的厚度。例如，由 Si 衬底上沉积的 HfO_2 层的 HRTEM 断面（图 5.23），可以分析纳米级超薄膜的厚度和界面情况[15]。

由于大多数 SEM 带有元素成分分析的 EDX，因此，如果 SEM 二次电子像无

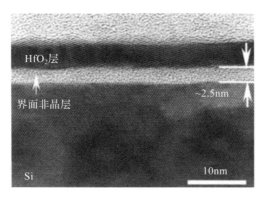

图 5.23　Si 衬底上沉积的 HfO₂ 层的 HRTEM 断面

法分清薄膜与衬底,可以利用 EDX 进行成像或线扫描,从而根据不同成分加以区分。这样不但可以在衬底和膜层衬底很小的情况下确定膜层的厚度,还可以研究界面原子相互扩散情况。

5.10　利用元素成分分析方法测量薄膜厚度

原则上,样品元素成分分析方法(如 AES、XPS、XRF、SIMS 等)都可以用来测量薄膜的厚度。利用成分分析方法,大致有以下 6 种途径获得薄膜厚度的信息:

①随着薄膜厚度增加,衬底信号衰减;
②随着薄膜厚度增加,薄膜信号增加;
③通过改变发射粒子的出射角,使取样深度变化;
④通过改变激发源的入射角,使激发源的透入深度变化;
⑤通过改变入射粒子的能量,使激发源的透入深度变化;
⑥通过离子逐层刻蚀表面,不断剥离薄膜表面。

为方便起见,以下仅对均匀薄膜进行讨论(即薄膜的成分不随深度变化)。

5.10.1　衬底信号衰减

衬底信号衰减法如图 5.24 所示。假定入射粒子束(如光子、电子)的入射角为 α,入射粒子在薄膜中的衰减系数为 k_1,从衬底出射的粒子束的初始强度(没有覆盖薄膜时)为 I_0,出射角为 β,出射粒子在薄膜中的衰减系数为 k_2,则覆盖厚度为 d

的薄膜后,衬底发出的出射粒子从薄膜表面逸出的强度 I 为

$$I = I_0 e^{-\frac{k_1 d}{\cos\alpha}} e^{-\frac{k_2 d}{\cos\beta}}$$ (5.19)

公式右边的第一指数项对应于入射粒子束的强度在薄膜中衰减,第二指数项对应于衬底发出的出射粒子束的强度在薄膜中衰减。因此可得

$$d = \frac{\cos\alpha\cos\beta}{k_2\cos\alpha + k_1\cos\beta}\ln\left(\frac{I_0}{I}\right)$$ (5.20)

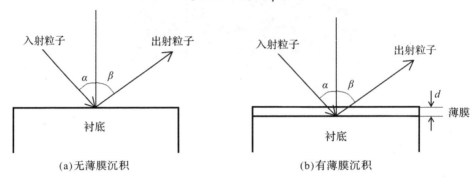

图 5.24　衬底信号衰减法

因此,如果入射角和出射角固定,则只要知道入射粒子束和出射粒子束在薄膜中的衰减系数 k_1 和 k_2,就可以在同样测试条件下测量沉积薄膜、未沉积薄膜的样品的衬底信号,然后通过式(5.20)获得薄膜厚度。如果没有现成的 k_1 和 k_2 数据,则可以事先测量一组已知厚度的标样,通过标样确定 k_1 和 k_2 数值。

一般情况下,入射粒子束在薄膜内的衰减可以忽略(k_1 远小于 k_2),则式(5.20)可以简化为

$$d = \frac{\cos\beta}{k_2}\ln\left(\frac{I_0}{I}\right)$$ (5.21)

对于光电子或俄歇电子,k_2 实际上是电子平均自由程 λ 的倒数,因此

$$d = \lambda\cos\beta\ln\left(\frac{I_0}{I}\right)$$ (5.22)

5.10.2　薄膜信号增强

薄膜信号增强法如图 5.25 所示。从薄膜表面以下深度 x 处发出信号 I_x^0,在向表面运动时强度衰减,假定入射角为 α,出射角为 β,出射粒子在薄膜中的衰减系数为 k_2,则最终离开表面的强度为

$$I(x) = I_x^0 e^{-\frac{k_1 x}{\cos\alpha}} e^{-\frac{k_2 x}{\cos\beta}}$$ (5.23)

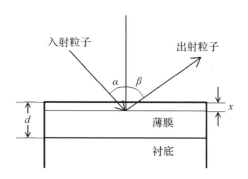

图 5.25　薄膜信号增强法

对于厚度为 d 的薄膜,能够逸出薄膜表面的信号总强度为

$$I_{\mathrm{T}} = \int_0^d I_x^0 \mathrm{e}^{-\frac{k_1 x}{\cos\alpha}} \mathrm{e}^{-\frac{k_2 x}{\cos\beta}} \mathrm{d}x \tag{5.24}$$

假定薄膜内部成分均匀,即 I_x^0 各处相同,则式(5.24)可以改写为

$$I_{\mathrm{T}} = I_x^0 \frac{k_1 \cos\beta + k_2 \cos\alpha}{\cos\alpha\cos\beta}(1 - \mathrm{e}^{-\frac{k_1 d}{\cos\alpha}} \mathrm{e}^{-\frac{k_2 d}{\cos\beta}}) \tag{5.25}$$

假设有一个薄膜厚度无穷大的标准样品(实际上只要足够厚,测量不到衬底信号即可),其薄膜信号强度为 I_0,则式(5.25)可以进一步改写为

$$I_{\mathrm{T}} = I_0 (1 - \mathrm{e}^{-\frac{k_1 d}{\cos\alpha}} \mathrm{e}^{-\frac{k_2 d}{\cos\beta}}) \tag{5.26}$$

最后,我们得到

$$d = -\frac{\cos\alpha\cos\beta}{k_2 \cos\alpha + k_1 \cos\beta}\ln\left(1 - \frac{I_{\mathrm{T}}}{I_0}\right) \tag{5.27}$$

同样,一般情况下,入射粒子束在薄膜内的衰减可以忽略(k_1 远小于 k_2),则式(5.27)可以简化为

$$d = -\frac{\cos\beta}{k_2}\ln\left(1 - \frac{I_{\mathrm{T}}}{I_0}\right) \tag{5.28}$$

对于光电子或俄歇电子,k_2 实际上是电子平均自由程 λ 的倒数,因此

$$d = -\lambda\cos\beta\ln\left(1 - \frac{I_{\mathrm{T}}}{I_0}\right) \tag{5.29}$$

在上述讨论中,我们假定薄膜各处的成分是均匀的,即 I_x^0 为常数。但实际上 I_x^0 不一定为常数,那么就无法简化式(5.24),因而得不到后续结论。不过,借助计算机技术,可以通过数值计算方法获得成分深度方面的信息。

5.10.3 改变出射角

薄膜厚度增加会导致衬底信号衰减。实际上，可以通过改变出射角来改变薄膜的有效厚度（图 5.26）。当出射粒子束垂直出射（出射角为 $0°$）时，经过薄膜的路径长度为 d；当出射角为 θ 时，则其在薄膜中经过的路径长度为 $d/\cos\theta$。因此，衬底信号随出射角的增大而减小。

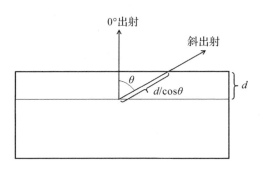

图 5.26　改变出射角法

为简单起见，仍然假定入射电子束在薄膜内的衰减可以忽略，则当出射角为 θ 时，薄膜和衬底发出的粒子束强度 I_F 和 I_S 分别为

$$I_F(\theta) = I_F(0)(1 - e^{-\frac{k_F d}{\cos\theta}}),\ I_S(\theta) = I_S(0)e^{-\frac{k_S d}{\cos\theta}} \tag{5.30}$$

式中，$I_F(0)$ 和 $I_S(0)$ 分别为出射角为 0 时薄膜信号和衬底信号的强度，k_F 和 k_S 分别为薄膜信号和衬底信号在薄膜中的衰减系数。由此可见，对于薄膜信号，随着出射角 θ 增大，$\cos\theta$ 减小，薄膜强度增加；而对于衬底信号，随着出射角 θ 增大，衬底强度减小。

因此，如果衰减系数已知，我们可以通过测量不同出射角条件下的强度，画出 $I_F(\theta) - \frac{1}{\cos\theta}$ 或 $I_S(\theta) - \frac{1}{\cos\theta}$ 曲线，由指数拟合得到指数项中的 $k_F d$ 或 $k_S d$ 值。如果衰减系数 k_F 或 k_S 已知，即可得到薄膜的厚度 d。对于光电子或俄歇电子，k_F 或 k_S 就是电子平均自由程 λ 的倒数。

不过，如果只需判断哪些元素信号来自薄膜，哪些元素信号来自衬底，根据该元素对应的相对强度随角度的变化即可判断。

图 5.27 为 SiO_2/Si 样品在出射角不同时的 Si2p 光电子谱。随着出射角增大，对应 SiO_2 的 Si2p 信号明显增大，因此可以断定 SiO_2 是位于 Si 之上的。

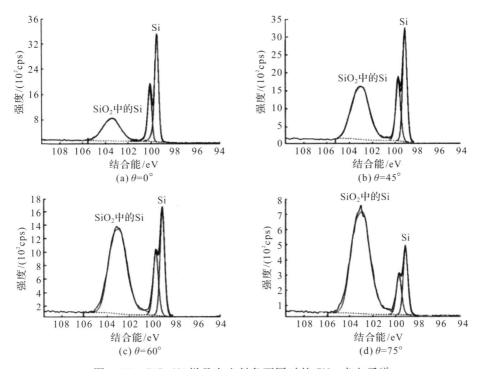

图 5.27　SiO_2/Si 样品在出射角不同时的 Si2p 光电子谱

5.10.4　改变入射角

如果入射粒子在薄膜中运动时强度衰减不能忽略,则完全可以参照改变出射角法获得薄膜厚度。当入射粒子束与样品表面法线垂直时,在薄膜中经过的路径最短,因此衰减最小,此时衬底信号最大;当入射粒子束与样品表面法线接近平行时,局限在薄膜浅层,无法通过薄膜进入衬底,此时衬底信号最小。

改变入射角法如图 5.28 所示。具体的公式推导与改变出射角法类似,不再赘述。

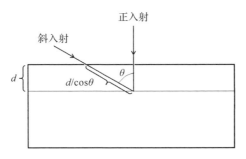

图 5.28　改变入射角法

对于电子束激发的 XRF,由于入射电子束的能量一般为 10keV 数量级,电子透入深度不大,因此不能忽略入射电子束在薄膜中的强度衰减。

利用改变入射角法测量薄膜厚度的关键在于衬底信号要被薄膜有效衰减,但又不能完全衰减。该方法还在不断发展,例如在 X 射线动力学模拟软件的支撑下,X 射线激发的 XRF 测厚仪可以测量 10nm 数量级的金属膜厚度,而且速度快,样品准备方便,可以测量多层膜。

5.10.5　改变激发源能量

改变激发源能量,就可以改变入射粒子的透入深度。一般情况下,入射粒子束的能量越高,激发深度越深,则衬底信号相对增强;反之,入射粒子束的能量越低,激发深度越浅,则衬底信号相对减弱,甚至完全消失。

例如,SEM 中的电子束激发 XRF(EDX),可以通过改变入射电子束的能量,调节电子束的透入深度。图 5.29 示意地给出了 Au/Si 样品中 5keV 和 15keV 电子束能量的透入深度。不难理解,随着电子束能量增加,Si 信号的相对强度越来越强,而 Au 信号的相对强度越来越弱。

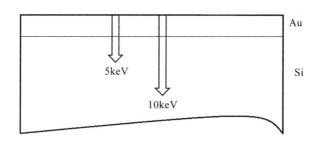

图 5.29　5keV 和 15keV 电子束能量的透入深度

图 5.30 为 5keV 和 15keV 电子束激发下测得的 10nm Au/Si 的 EDX 谱。在 5keV 电子束激发下,透入深度较浅,因此 10nm 厚的 Au 信号比较明显;在 15keV 电子束激发下,Au 信号却显得很弱。这是因为 Au 膜的厚度仅 10nm,电子束能量的增加并不能增加受激发的 Au 的体积,却能够激发更深的 Si 衬底,从而导致 Si 信号相对增强。

5.10.6　离子刻蚀

如果某种成分测试方法(如 XPS、AES、SIMS 等)的探测深度很浅,则可以通

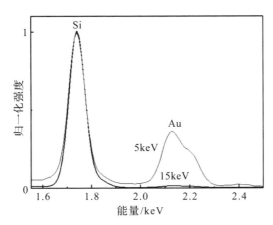

图 5.30　5keV 和 15keV 电子束激发下测得的 10nm Au/Si 的 EDX 谱

过表面逐层剥离技术提取成分随深度的分布信息。离子因质量较大,与表面原子发生碰撞时,可以将其碰离表面,因此,利用离子枪剥离表面原子层,也就是离子刻蚀(ion etching),从而不断露出新鲜的表面,再结合成分测量,即可获得不同深度的成分信息。常用于刻蚀的离子源为氩离子枪,其加速电压一般为 500～5000V。

图 5.31 为 Si 表面 Al_2O_3 钝化层的深度剖析图,可见从表面到衬底依次为 AlN、Al_2O_3 和衬底 Si[16]。须注意,横坐标为刻蚀时间,如果事先知道各层的刻蚀速率,则可以把刻蚀时间转化为厚度。由于刻蚀速率与离子种类、离子束流、离子能量、入射角度和表面成分等因素相关,因此一般要通过分析已知厚度的标样来

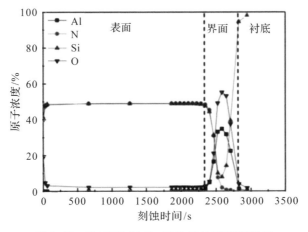

图 5.31　Si 表面 Al_2O_3 钝化层的深度剖析图

获得各层的刻蚀速率。

另一个要注意的是不均匀刻蚀问题。由于氩离子束的强度沿轴线最强,边缘较小,因此刻蚀后的表面可能呈现不平整的凹坑。对应束斑很大的探测技术(如XPS),深度剖析时一定要保证 X 射线源的束斑面积远远小于刻蚀坑的面积(图5.32),否则容易得到错误的结果。如果离子枪带有扫描功能,则可使离子枪工作于面扫描模式,且扫描面积数倍于 X 射线的束斑面积,以避免蚀坑效应。

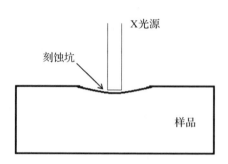

图 5.32　离子刻蚀形成的蚀坑

图 5.33 为 Ge/Si 多层膜 SIMS 深度剖析图[17]。SIMS 深度剖析直接检测离子刻蚀处发出的二次离子产额,因此不用考虑蚀坑效应,又因为二次离子的出射深度很浅(单原子层),所以不同层之间的界面非常陡峭。其他成分测试方法(如XPS 和 AES)电子逸出深度为 1~10nm,因此界面分辨率较 SIMS 差。

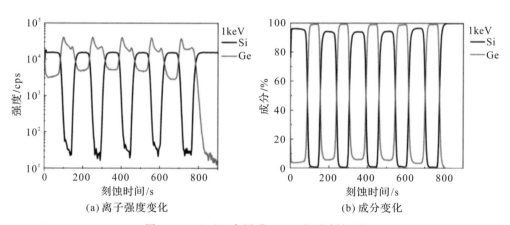

图 5.33　Ge/Si 多层膜 SIMS 深度剖析图

5.11　扩展电阻探针法

在半导体材料研究中,经常利用外延技术在材料表面沉积与衬底成分相同但掺杂类型不同或掺杂浓度不同的薄膜,或者通过扩散、离子注入手段在半导体材料表面注入杂质而形成 PN 结。在这种情形下,薄膜和衬底的主要成分、晶体结构是完全相同的,只是表面和体内的杂质含量(或类型)不同。由于半导体材料中掺入杂质的含量一般很低(1~10ppm),因此很难通过 XPS、AES 等利用浓度随深度变化的方法确定表面层的厚度。但是半导体材料的电学性能对某些杂质的存在非常敏感,表面与体内杂质含量(或类型)的不同会引起半导体材料电学性能非常大的差别,从而导致电阻率发生巨大变化。因此,通过测量样品断面电阻率的变化,可获得表面层厚度。这种方法称为扩展电阻探针(spreading resistance probe,SRP)法。

如果扩散层的厚度较小,则由于探针的针尖尺寸限制,直接扫描断面测量断面电阻率的分布数据点不足。因此通过磨小角的方法磨出斜面以放大薄膜厚度,再用机械探针沿斜面扫描,测量电阻率变化情况,由此获得薄膜厚度。假设薄膜厚度为 d,磨角为 α,则斜面对应的长度 $l=d/\sin\alpha$。假如 $\alpha=1°$,则大致可以把厚度 d 扩大 57 倍。

对于导电的衬底,表层的电阻可通过单探针测量,即在待测面用单探针,在衬底背面用大电极,如图 5.34(a)所示。对于不导电的衬底或者薄膜与衬底之间夹

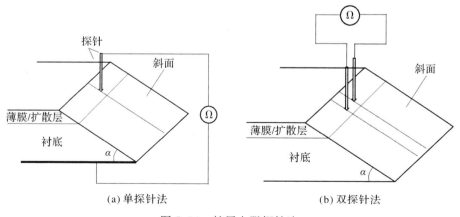

(a) 单探针法　　　　　　　　　　　(b) 双探针法

图 5.34　扩展电阻探针法

有不导电层的样品,电流无法达到衬底,此时可用双探针测量电阻,如图 5.34(b)所示。当然,也可以用微型四探针取代单探针或双探针,测量表面层的电阻。

可以证明,流过探针的电流与探针下面局部区域的电导率成正比。图 5.35为某太阳能电池薄膜的扩展电阻曲线。PN 结界面两边的导电类型不同,界面附近存在杂质补偿现象,当施主和受主浓度相等时,电阻率最大。因此,电阻率在 PN 结界面附近有极大值,载流子浓度在界面有极小值。由图 5.35 可见,载流子浓度极小值位于表面下 670nm 处,即 PN 结的界面位于 670nm 处。

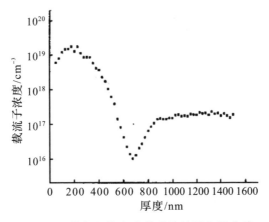

图 5.35　某太阳能电池薄膜的扩展电阻曲线

扩展电阻探针也可用于测量多层膜结构厚度和导电性能。图 5.36 为 $HfO_2/Si/SiO_2/Si$ 结构的扩展电阻曲线,从中可以清楚地确定各层厚度。

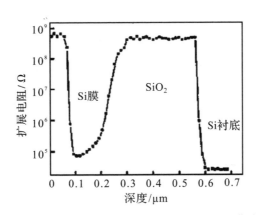

图 5.36　$HfO_2/Si/SiO_2/Si$ 结构的扩展电阻曲线

利用类似 STM 的探针控制技术,扩展电阻探针已经升级到扫描扩展电阻显微镜(scanning spreading resistance microscope,SSRM),而且可以二维成像,空间分辨率也比传统的扩展电阻探针要高得多,精度可达 1nm 数量级。图 5.37 为 MOSFET 中 SDE-halo 结的扫描扩展电阻显微图,曲线表示白色虚线箭头所指方向电阻的变化情况,X_j 所指位置的电阻最大,对应 PN 结的界面。

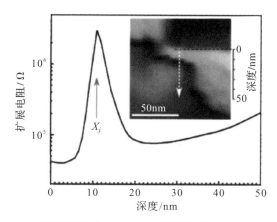

图 5.37　MOSFET 中 SDE-halo 结的扫描扩展电阻显微图

参考文献

[1] Mohan T, Spirk S, Kargl R, et al. Watching cellulose grow-Kinetic investigations on cellulose thin film formation at the gas-solid interface using a quartz crystal microbalance with dissipation(QCM-D)[J]. Colloids and Surfaces A: Physicochemical and Engineering Aspects,2012,400:67-72.

[2] Delorme O, Cerutti L, Tournie E, et al. In situ determination of the growth conditions of GaSb-Bi alloys[J]. Journal of Crystal Growth,2018,495:9-13.

[3] Basnar B, Hirner H, Gornik E, et al. Fast characterisation of InAs quantum dot structures using AFM[J]. Journal of Crystal Growth,2004,264(1-3):26-30.

[4] 显微分光膜厚仪 OPTM series[EB/OL]. [2021-03-30](2021-05-01). https://www. otsukael. com. cn/html/Product/p2/11. html? renqun_youhua=1827967.

[5] 张平,李晨,陈焘,等.基于透射光谱确定硅碳氧薄膜的光学常数[J].上海有色金属,2013,43(2):59-62.

[6] Zhao K L, Chen G P, Hernandez J, et al. Intersubband absorption in ZnO/ZnMgO quantum wells grown by plasma-assisted molecular beam epitaxy on c-plane sapphire substrates[J]. Journal of Crystal Growth,2015,425:221-224.

[7] Fuchs C, Beyer A, Volz, K. MOVPE growth of (GaIn)As/Ga(AsSb)/(GaIn)As type-II het-

erostructures on GaAs substrate for near infrared laser applications[J]. Journal of Crystal Growth,2017,464:201-205.

[8] 季振国,袁骏,卢焕明,等.锗/硅短周期超晶格的 X 射线双晶衍射研究[J]. 浙江大学学报(工学版),2001,35(1):1-4.

[9] Zhou Q, Ji Z G, Hu B B, et al. Low resistivity transparent conducting CdO thin films deposited by DC reactive magnetron sputtering at room temperature[J]. Materials Letters,2007,61(2):531-534.

[10] 梁家昌,怀玉民,石玉山.金属多层膜超晶格结构研究[J]. 中国民航学院学报,2003,21(3):10-12.

[11] 刘永强.小角度 XRD 的实现及应用[D]. 杭州:杭州电子科技大学,2014.

[12] Wei L S, Chen N F, He K. Preparation of poly-Si films by inverted AIC process on graphite substrate[J]. Journal of Crystal Growth,2017,480:28-33.

[13] Smajek E, Szot M, Kowalczyk L, et al. Optical and structural properties of $Pbi_{1-x}Eu_xTe/CdTe//GaAs(001)$ heterostructures grown by MBE[J]. Journal of Crystal Growth,2011,323(1):140-143.

[14] Li J Z, Bai J, Hydrick J M, et al. Growth and characterization of GaAs layers on polished Ge/Si by selective aspect ratio trapping[J]. Journal of Crystal Growth,2009,311(11):3133-3137.

[15] Yamamoto T, Morita N, Sugiyama N, et al. Characterization of high-k gate dielectric films using SIMS[J]. Applied Surface Science,2003,203-204:516-519.

[16] Bechu S, Loubat A, Bouttemy M, et al. XPS profiling study of Al_2O_3 passivation layers for high efficiency n-PERT and PERC solar cells[C]//7th IEEE World Conference on Photovoltaic Energy Conversion(WCPEC).

[17] Lian S Y, Kim K J, Kim T G, et al. Prediction and experimental determination of the layer thickness in SIMS depth profiling of Ge/Si multilayers:Effect of preferential sputtering and atomic mixing[J]. Applied Surface Science,2019,481:1103-1108.

第6章　光学性能测量

随着电子技术向光电、光子技术发展,材料的光学性能越来越受到技术人员的重视。本章将简单介绍材料光学性能的测量方法。

6.1　光吸收性能

6.1.1　紫外-可见-近红外吸收、透射光谱

紫外-可见-近红外(ultraviolet/visible/near infrared,UV-VIS-NIR)光谱仪是光电薄膜分析中较常用的仪器,测量光谱包括吸收光谱、透射光谱和反射光谱,主要用于测量薄膜的光学吸收率、反射率、透过率和折射率,以及半导体薄膜材料的禁带宽度、薄膜厚度等。

紫外-可见-近红外光谱仪的波长范围大多为 200～1100nm,其中波长范围为 360～760nm 的光谱仪称为可见光谱仪,波长范围为 200～760nm 的光谱仪称为紫外-可见光谱仪,也有部分光谱仪的长波极限可达 2500nm。200～1100nm 波段覆盖了大多数常用半导体材料的禁带宽度,这个波段内的吸收主要对应电子从价带向导带、价带向杂质能级、杂质能级向导带的跃迁,因此这个范围在半导体光电材料研究中备受关注。此范围外的光谱仪需要用到深紫外或红外光学元器件及光源,而且需要避开大气及周边热辐射源的影响,因此成本较高,但是基本原理是相同的。

为方便起见,下面以透射光谱为例进行介绍。透射光谱仪一般由光源、单色器、检测器以及数据处理与显示系统组成(图 6.1)。透射光谱仪可以直接测量样品的透射光谱,但是对于沉积在衬底上的薄膜样品,为了尽可能减小衬底的影响,可以先测量参比样品(如没有沉积薄膜的衬底)的透射光谱,再测量待测样品(如

沉积了薄膜的衬底)的透射光谱,然后通过数据处理与显示系统从待测样品信号中扣除参比样品的信号,从而获得差谱信号。双光路透射光谱仪设有分光器,可以同时测量待测样品和参比样品,并对两个光路的信号进行差谱处理以消除衬底及其他因素的影响,这样可以加快测量速度。

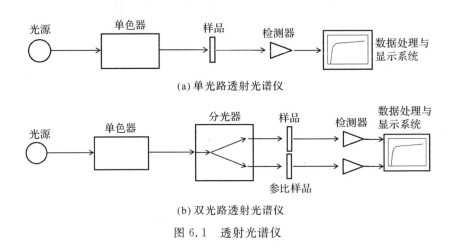

(a) 单光路透射光谱仪

(b) 双光路透射光谱仪

图 6.1　透射光谱仪

单色器一般为光栅衍射单色器(图 6.2),不同波长的光经衍射后强度极大值各不相同,因此通过转动衍射光栅即可选出所需要的波长。工作时,入射光通过入射狭缝进入单色器,经两次反射后入射到衍射光栅上,驱动马达带动衍射光栅

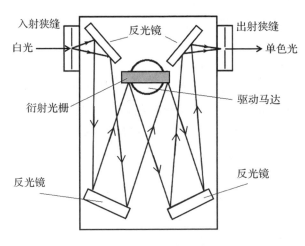

图 6.2　光栅衍射单色器

转动,使得入射到衍射光栅的角度和从衍射光栅反射的角度发生变化,导致不同波长的光在设定的方向上发生衍射极大,从衍射光栅反射的光通过两次反射后由出射狭缝出射。衍射光栅的质量、分辨能力及出射狭缝的宽度决定了出射单色光的带宽(波长分布范围)。

假设样品的吸收系数为 α,厚度为 d,反射系数为 R,且实验在真空或空气中进行,则可以证明通过样品的光强度为

$$T = \frac{(1-R)^2 \, \mathrm{e}^{-\alpha d}}{1 - R^2 \, \mathrm{e}^{-2\alpha d}} \tag{6.1}$$

其中,

$$R = \frac{(1-n)^2}{(1+n)^2} \tag{6.2}$$

式中,n 为材料的折射率。

大多数透明介质的反射系数较小,例如普通玻璃的反射系数约为 0.05,可以忽略。如果忽略样品前后表面的反射和样品的散射,那么式(6.1)可以简化为

$$T = \frac{I}{I_0} = \mathrm{e}^{-\alpha d} \tag{6.3}$$

式中,T 为样品的透射率,I 和 I_0 分别为透射光和入射光的强度。

因此,扫描入射光的波长可获得与波长相关的透过率,即透射光谱。对透过率取对数,可得到吸收强度 A 与波长的关系,即吸收光谱。

$$A = \alpha d = \ln \frac{I_0}{I} \tag{6.4}$$

式中,α、I、I_0 都是波长的函数。

已知样品的厚度,可以由测到的吸收强度得到样品的吸收系数 α,即

$$\alpha = \frac{A}{d} \tag{6.5}$$

近年来出现了一种以 CCD 传感器阵列为光检测器的微型光纤光谱仪(图 6.3)。入射的白光先透过样品,再由光纤导入微型光谱仪内部,经过反光镜反射后入射到衍射光栅上。经衍射光栅反射的白光经聚光镜反射后,照射到线性 CCD 上。由于不同波长的光经衍射后偏转角度各不相同,因此不同位置的线性 CCD 测量的光强对应不同的波长。这种设计去掉了由电机驱动的光栅分光器。所有波长的光强可以通过 CCD 同时测定,使测试速度大大提高,可以在很短时间内(如 10ms 内)测量一个完整的光谱。这种微型光纤光谱仪具有质量小、体积小、功耗低等优点,可以通过 USB 口供电,特别适合现场测试。

对于固体介质薄膜,紫外-可见-近红外吸收光谱主要对应电子从价带向导

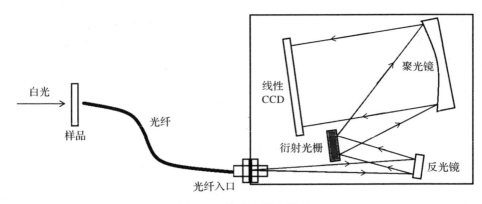

图 6.3　微型光纤光谱仪

带的跃迁。导带和价带都有一定的宽度,故谱线的形状不像分立能级吸收那样的尖峰,而是有一个比较宽的分布。当波长较长时,光子能量较低,不足以激发电子从价带向导带跃迁,因此吸收强度几乎为 0,谱线呈一水平直线。当波长逐渐变短时,光子能量接近禁带宽度,吸收强度迅速上升,此位置即称为材料的吸收边。

6.1.2　半导体材料的光吸收

半导体材料能带结构分为直接能带和间接能带,分别对应直接跃迁和间接跃迁两种情况(图 6.4)。直接能带半导体材料的价带顶和导带底在倒空间的同一位置(图 6.4 左侧),电子可以直接从价带顶跃迁到导带底,因此吸收边附近的跃迁概率很高,吸收谱线在吸收边附近陡峭上升。间接能带半导体材料的价带顶和导

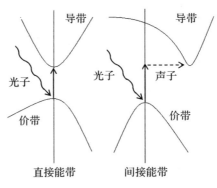

图 6.4　直接跃迁和间接跃迁

带底在倒空间的不同位置(图 6.4 右侧),电子从价带顶跃迁到导带底时需要声子参与,因此是一个二级跃迁过程,跃迁概率很低,吸收谱线在吸收边附近缓慢上升,而且吸收系数比前者低很多,一般要小 3 个数量级。

经过吸收边后,如果入射光波长继续减小,光子能量继续增加,则吸收强度变化缓慢。当光子能量大于价带底到导带顶距离对应的值时,因没有能级存在,故电子无法跃迁,所需吸收强度迅速下降。如果没有其他能带参与,则吸收强度会下降到接近 0(图 6.5)。因此,对于固体介质薄膜,谱线一般呈现一个较宽的谱带,宽度基本等于价带宽度和导带宽度之和(图 6.6)。不过由于普通的紫外-可见光谱仪的波长扫描范围有限,光子能量很难达到价带底到导带顶距离对应的值,因此我们往往只能看到吸收带的部分曲线。

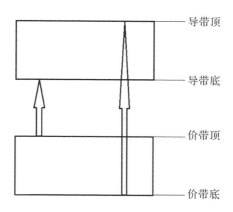

图 6.5　本征吸收带的宽度

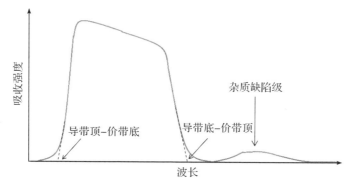

图 6.6　半导体材料吸收光谱

6.1.3 测量材料的吸收系数

间接带隙 Si 的吸收系数如图 6.7(a)所示,可见没有明确的吸收边,吸收边附近的吸收系数缓慢增加,而且数值不大。直接带隙 GaAs 的吸收系数如图 6.7(b)所示,吸收系数在吸收边附近迅速上升,而且吸收系数很大。

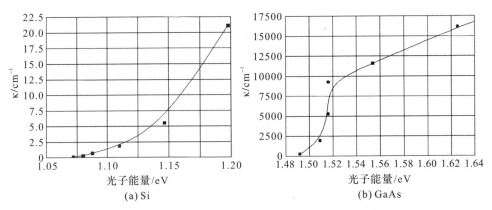

图 6.7 间接带隙 Si 和直接带隙 GaAs 的吸收系数与光子能量的关系

有关半导体材料光吸收方面的知识,请参考相关书籍,如本书作者编写的《半导体物理》[1]。

6.1.4 分析带隙内的杂质缺陷浓度

图 6.8 为不同衬底温度下用溶胶凝胶法沉积的 ZnO 薄膜的吸收光谱[2]。能量小于吸收边(即波长大于 380nm)的部分吸收强度并不为 0,而是有明显的拖尾,这表明这些样品中含有较高的杂质缺陷浓度。

6.1.5 红外吸收光谱

半导体材料禁带中的杂质、缺陷吸收能级和激子也都有可能导致光的吸收。激子、施主和受主能级一般情况下离导带底或价带顶较近(10meV 数量级),在室温热扰动能量(26meV)的影响下,很难直接观测到。因此,一般情况下需要在低温条件下测量荧光光谱(fluorescence spectrum)。有的材料激子能量很高,如 ZnO 的激子能量高达 62meV,对于晶体质量很高的 ZnO 材料,完全可以在室温下观测到激子吸收现象。

一般情况下,激子吸收、杂质吸收等均需在极低温度下测量(如 20K),只有这

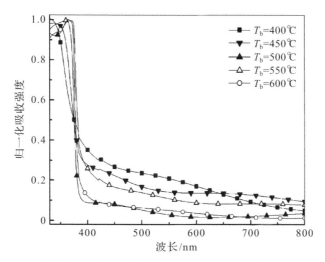

图 6.8　不同衬底温度下用溶胶凝胶法沉积的 ZnO 薄膜的吸收光谱

样才能排除声子的干扰。

　　若采用与杂质、缺陷能级能量相当的红外光谱仪,则可测到浓度很低的杂质、缺陷的吸收峰(或声子吸收峰)。图 6.9 为 Si 片中注入 $10^{17}\,cm^{-3}$ 数量级的 O^+ 后的傅里叶变换红外光谱(Fourier transform infrared spectroscopy,FTIR 光谱)[3]。注入 O^+ 后,在 $1136\sim778\,cm^{-1}$ 范围内出现吸收带,且强度随 O^+ 注入剂量增加而增加。由图 6.9 可以确定吸收带的中心位于 $997\,cm^{-1}$,换算成波长为 $10030.1\,nm$,对应的吸收能量为 $0.1236\,eV$,此值即为 O^+ 相关的缺陷能级。

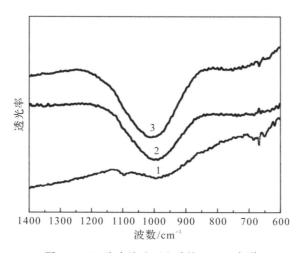

图 6.9　Si 片中注入 O^+ 后的 FTIR 光谱

图 6.10 为 GaAs 量子阱中 Be 受主的红外吸收谱[4]，其中存在一系列 Be 受主相关的跃迁。随着量子阱的势阱宽度减小，跃迁能量增大，体现出量子约束效应。

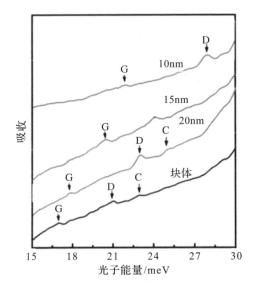

图 6.10 GaAs 量子阱中 Be 受主的红外吸收谱

图 6.11 为 Si 中 Cu 杂质对应的红外吸收谱，其中出现了一个位于 65.8meV 的吸收峰[5]。由于未掺 Cu 的 Si 样品中没有该吸收峰，因此该吸收峰被认为是 Cu 引起的，根据能量判断，应该为浅受主。

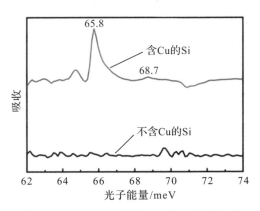

图 6.11 Si 中 Cu 杂质对应的红外吸收谱

6.1.6　自由载流子吸收

对于半导体薄膜或导电薄膜,材料内部的自由载流子可以吸收红外光并跃迁。图 6.12 为不同载流子浓度的 Si 单晶的薄膜的吸收光谱[1]。电阻率越低(即载流子浓度越高),红外吸收跃迁越强。红外吸收的特点是其吸收强度随波长增大而增强。对于金属薄膜而言,载流子浓度高达 $10^{23}\,cm^{-3}$,入射的红外光被大量吸收或反射,因此红外光无法透过金属薄膜。对于重掺杂的半导体材料,载流子浓度也很高,因此红外光也无法透过。如半导体 Si 中 O、C 等杂质一般用红外吸收光谱测定,但是对于重掺的 Si,红外吸收光谱无法测量,这是因为红外光无法透过导电的材料。

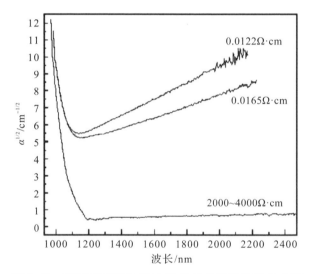

图 6.12　不同载流子浓度的 Si 单晶的薄膜的吸收光谱

实际上,如果事先对某个红外波长的吸收系数和电阻率进行标定,则我们反过来可以通过该红外波长的吸收系数得出硅片的电阻率。

6.1.7　声子吸收

声子(晶格振动)的能量为 10meV 数量级,对应中红外波段的红外光。因此,可以通过 FTIR 光谱和拉曼光谱测量声子的吸收,从中获得半导体中杂质、缺陷等方面的信息。

6.2 紫外-可见-近红外反射光谱

6.2.1 基本原理

第 6.1.1 节介绍的透射光谱仪要求样品能够透光。但是在很多情况下,样品的透光效果不好,测量不到透射光谱。原因可能是样品本身不透光,或者背面粗糙透光效率很差,或者背面镀有不透光的金属电极等。对于不透明的样品,我们可以通过反射光谱获得样品的光学性能参数。

普通的反射光谱仪的结构非常简单(图 6.13)。单色化后的光入射到样品表面,经样品表面反射后由探测器接收。扫描单色器改变入射光的波长,即可以获得反射光谱。反射光谱仪对样品表面的光洁度有很高的要求,而且只能测量一个特定方向的反射。另外,表面平整会导致反射光的方向发生变化,因此这类反射光谱不能测量表面不平整的样品,尤其是粉末样品。

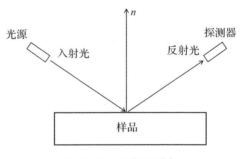

图 6.13 反射光谱仪

6.2.2 测量反射率

金属铝的反射光谱如图 6.14 所示。在可见光谱波段内,铝的反射率大于 90%,因此在白光的照射下,金属铝呈白色。

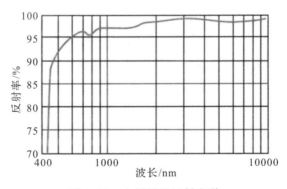

图 6.14 金属铝的反射光谱

非金属材料的反射率一般较小,由非金属材料的反射光谱(图 6.15)可知,其反射率与折射率有关,折射率越大,反射率也越大。

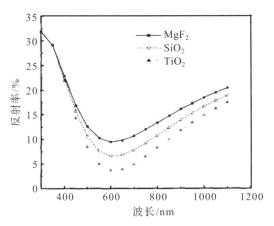

图 6.15　几种非金属材料的反射光谱

6.2.3　测量厚度

薄膜样品存在干涉效应,故其反射率可能出现强度振荡现象。图 6.16 为 Si:H 薄膜的反射光谱和透射光谱,反射光谱与透射光谱同样呈现非常明显的强度振荡[6]。根据折射率和振荡极大值(或极小值)之间的波长差,我们可以确定薄膜的厚度。从图 6.16 可见,反射光谱与透射光谱的极大值和极小值位置正好相反,这是因为在图 6.16 所示的测量波段,Si:H 薄膜的吸收很弱,因此 $T \approx 1 - R$。

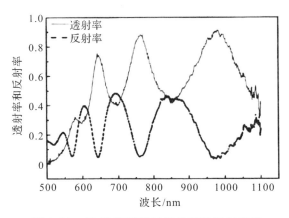

图 6.16　Si:H 薄膜的反射光谱和透射光谱

6.2.4　测量禁带宽度

由反射光谱振荡消失对应的波长,我们可以获得禁带宽度的信息。当入射光的波长小于禁带宽度对应的波长时,入射光被薄膜吸收,故入射光无法透过薄膜到达薄膜/衬底界面,所以从界面反射的光强度为 0,无法与薄膜表面反射的光发生干涉并产生强度振荡。图 6.17 为蓝宝石上生长的 AlGaN 薄膜的反射曲线,强度振荡消失对应的波长为 300nm,由此可得 AlGaN 薄膜的禁带宽度为 4.1eV[7]。

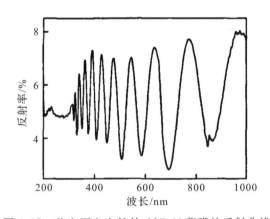

图 6.17　蓝宝石上生长的 AlGaN 薄膜的反射曲线

6.2.5　测量折射率

材料的反射率 R 与折射率 n 之间存在以下关系:

$$R = \frac{(1-n)^2}{(1+n)^2} \tag{6.6}$$

所以,可以从样品的反射谱得到样品的折射率,即

$$n = \frac{1-\sqrt{R}}{1+\sqrt{R}} \tag{6.7}$$

对于衬底上沉积的薄膜样品,情况比较复杂。有关薄膜厚度和折射率的计算在第 5 章已有介绍。

对于散射严重的样品,如表面非常粗糙的样品,甚至粉末样品,普通的反射光谱仪测得的曲线可能严重偏离实际的反射率。这是因为普通的反射光谱仪只测量某一个特定方向的反射强度,如果存在散射或漫反射,则反射光束可能偏离,影响反射强度。为此,我们需要用漫反射光谱进行测量。

6.2.6 漫反射光谱仪

漫反射光谱仪(图 6.18)与普通光谱仪的主要区别在于漫反射光谱仪有一个积分球,积分球内壁镀有高反射率的材料。入射光进入积分球后,入射到样品表面,如果样品表面不平整,甚至是粉末或由粉末压成的块体材料,就会产生很强的漫反射。与平面反射不同,漫反射的光的方向是不确定的,因此有的反射光束可以直接进入探测器,有的要经过多次反射才能进入探测器。无论如何,由于积分球内壁不会吸收光,因此漫反射发出的光最终都会被探测器接收。

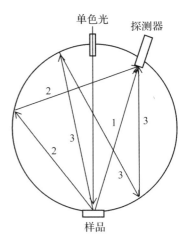

图 6.18 漫反射光谱仪

样品的吸收率可由库贝尔卡-蒙克(Kubelka-Munk)函数 $F(R)$ 表示:

$$F(R) = \frac{(1-R)^2}{R} = \frac{k}{s} \tag{6.8}$$

式中,R 为漫反射率,k 为吸收系数,s 为散射系数。

式(6.8)可以改写为

$$k = sF(R) \tag{6.9}$$

假设散射系数随波长缓慢变化,则 $F(R)$ 直接与吸收系数成正比。

图 6.19 为 4 种不同形态的 TiO_2 经漫反射光谱转换得到的吸收光谱,可见不

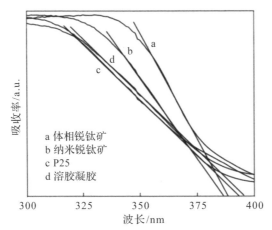

图 6.19 4 种不同形态的 TiO_2 经漫反射光谱转换得到的吸收光谱

同形态的 TiO_2 对应的吸收边以上的吸收率都很小,这说明漫反射光谱仪可以消除散射和漫反射引起的虚假的吸收[8]。

　　一般来说,紫外-可见-近红外吸收光谱和透射光谱很难测量到半导体材料中普通掺杂浓度的杂质能级。但是由于漫反射光谱仪采用积分球收集反射光,因此其灵敏度得到了很大提升。在杂质浓度高,且杂质能级离开导带底和价带顶都较远的情况下,可以测量到杂质能级。作者团队利用漫反射光谱仪成功测量到铝酸锶长余辉发光材料中 Dy 和 Eu 对应的一系列吸收能级[9],如图 6.20 所示。

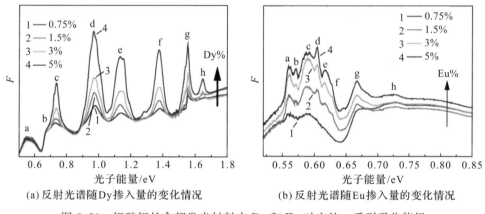

(a) 反射光谱随Dy掺入量的变化情况　　　　(b) 反射光谱随Eu掺入量的变化情况

图 6.20　铝酸锶长余辉发光材料中 Dy 和 Eu 对应的一系列吸收能级

6.3　发光性能测量

　　发光是当前光电信息材料研究领域的热点之一。与前述吸收光谱相反,发光是电子从高能级跃迁到低能级的过程,而光吸收是电子从低能级跃迁到高能级的过程。衡量材料发光性能的最直接的手段之一就是荧光光谱。一般情况下,荧光光谱是光致发光,即入射光激发材料中的电子进入较高能级,当电子回落到较低能级时,多余的能量以光辐射的形式释放。荧光光谱也可以通过其他粒子束激发,如电子束和离子束等。

　　对应光致发光,原则上,激发光的光子能量必须大于荧光光子能量,但是也有所谓的上转换现象,即两个或多个光子集体激发电子进入高能级后,释放出光子能量比入射光高的荧光,或者透过杂质缺陷能级,以较低的能量激发电子和空穴,然后通过电子-空穴复合获得较高能量的荧光辐射(如长余辉发光材料)。

6.3.1 荧光光谱

荧光光谱仪由光源、入射单色器、样品、出射单色器、接收器、数据系统等构成（图 6.21）。如果光源是激光器，则可以没有入射单色器，直接用单色性和方向性较好的激光束入射到样品即可。

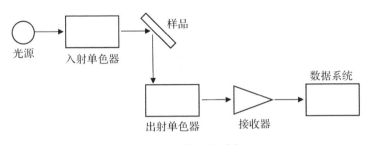

图 6.21 荧光光谱仪

固定入射单色器的波长不变，扫描出射单色器的波长，如此获得材料发出的光的波长分布，即荧光发射光谱（fluorescence emission spectrum）。相反，固定出射单色器的波长不变，扫描入射单色器的波长，如此获得材料发出的光的强度随激发波长的变化情况，即荧光激发光谱（fluorescence excitation spectrum）。

荧光发射光谱可以给出发光效率、发光波长、发光峰的宽度及形状等信息；荧光激发光谱则主要给出最佳激发波长（光子能量）的信息。对于固体材料，原则上荧光激发光谱相当于吸收光谱。

与吸收光谱仪相同，目前也有用于荧光光谱的微型光纤光谱仪，其原理与吸收光谱相同，只是内部的光学部件要求更高，用于探测微弱的荧光信号。

6.3.2 本征辐射

对于固体材料，我们最关心的是电子从导带跃迁到价带所形成的辐射，即本征辐射（图 6.22）。当光子能量大于禁带宽度的光入射到固体表面上时，光子激发价带的电子进入导带，如图 6.22(a)所示（原则上，只要光子能量大于禁带宽度，就可以激发价带电子进入导带）。当被激发到导带的电子返回到价带并与空穴复合时，多余的能量可以两种形式释放：一是以光的形式辐射，即荧光辐射；二是以声子的形式释放，即电子把能量转移给声子，最终以热的形式使得材料温度升高。一般情况下，电子在返回到价带前会先进入导带底，因此，虽然激发光的能量可能不同，但是发射光的能量是一样的，即等于禁带宽度。

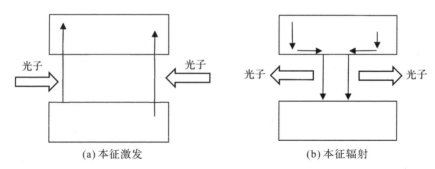

(a) 本征激发   (b) 本征辐射

图 6.22　本征激发和本征辐射

　　图 6.23 为 ZnO 薄膜的荧光光谱,其中峰值波长约为 379nm,换算成光子能量为 3.28eV,确实与 ZnO 的禁带宽度一致[10]。

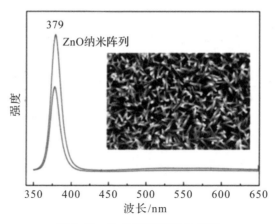

图 6.23　ZnO 薄膜的荧光光谱

　　图 6.24 为 $Mg_{0.18}Zn_{0.82}O$ 薄膜与 ZnO 薄膜的荧光光谱和透射光谱。比较可知,透射光谱的吸收边(禁带宽度)和荧光光谱中的峰值波长是对应的[11]。

　　一般情况下,对于直接能带半导体材料,电子与价带空穴复合后能量主要以荧光的形式辐射;而对于间接能带半导体材料,由于导带底与价带顶的波矢相差很大,电子无法直接通过垂直向下的跃迁与价带空穴复合,而必须结合一个或几个能量很小(10meV 数量级)、自身波矢与电子的波矢为同一个数量级的声子,一起完成电子的向下跃迁。跃迁过程同时涉及光子和声子,跃迁概率极小,因此,间接能带半导体材料一般不直接用于发光。

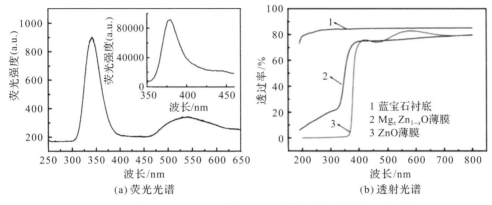

图 6.24　Mg$_{0.18}$Zn$_{0.82}$O 薄膜与 ZnO 薄膜的荧光光谱和透射光谱

6.3.3　通过发光中心发光

如上所述,间接能带半导体材料的本征辐射强度很小。但是,通过掺入杂质或引入缺陷,可以大幅提升其发光效率。这种杂质或缺陷称为发光中心(luminescence center)。

杂质、缺陷的能级是局域的,电子活动范围很小,根据量子力学中的测不准原理,电子的波矢是不确定的,或者说是发散的。因此总有部分电子满足跃迁时动量守恒的要求。在这种情况下,激发到导带的电子在返回过程中先进入杂质、缺陷能级,通过杂质、缺陷能级发光(图 6.25),再回到导带。不难想象,这种辐射的能量小于禁带宽度。

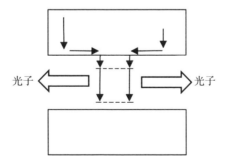

图 6.25　电子通过杂质、缺陷能级发光

　　图 6.26 为掺 Er 的 Si 纳米晶的荧光光谱,可见掺入发光中心 Er 后,间接能带的 Si 也能通过 Er 发光[12]。当然,对于杂质发光,发光波长与 Er 的能级相关,与 Si 的禁带宽度无直接关联。

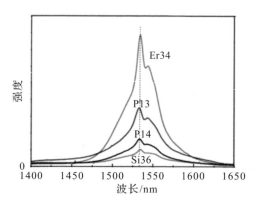

图 6.26　掺 Er 的 Si 纳米晶的荧光光谱

6.3.4　近边辐射

　　激子、施主和受主能级离导带底或价带顶很近(10～100meV 数量级),通过它们的发光常常和导带底-价带顶的本征辐射靠得很近,故称为近边辐射。因此在热扰动的影响下,很难在室温下分辨近边吸收和本征吸收。将样品冷却到极低的温度,使声子的影响减小,然后就可以观测到离本征辐射主峰很近的激子、施主和受主发光峰。图 6.27 为低温下 ZnO 薄膜的荧光光谱,可见温度越低,施主-受主

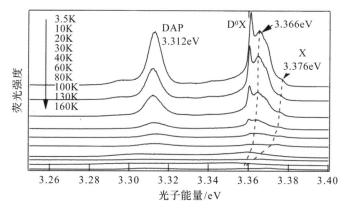

图 6.27　低温下 ZnO 薄膜的荧光光谱

对(DAP)和激子(X)相关的辐射就越明显[13]。

如果晶体质量很高,而且材料的激子结合能足够大(例如 ZnO 的结合能为 62meV),则可以在室温下观测到激子对应的发光。图 6.28 为超薄壁厚 ZnO 管的荧光光谱,可见有很强的近边发射峰[14]。

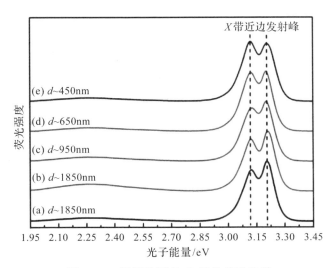

图 6.28　超薄壁厚 ZnO 管的荧光光谱

6.3.5　纳米粒子发光

把材料制成纳米颗粒、纳米线、纳米片等,利用量子力学中的测不准原理引起的波矢发散,可以使原先不发光的材料发光。同时,由于量子约束效应,材料的发光波长会向短波长移动,即所谓的蓝移(blue shift)。

在 SiO_2 中离子注入 Si^+ 后,纳米 Si 结构的荧光光谱如图 6.29 所示,可见形成纳米 Si 后,间接能带的 Si 也发光了,而且发光波长由于量子约束效应发生了蓝移[15]。

6.3.6　确定发光的最佳激发波长

我们可以通过测量发射光谱得到材料发光的峰值波长、峰宽和峰型等信息。对于某个发光峰,可以通过测量荧光激发光谱获得最佳激发波长。

图 6.30 为 Gd 与 Sm 共掺杂的 ZBT 玻璃的发射光谱和激发光谱。发射光谱中有 4 个发光峰;激发光谱中,最佳激发波长为 275nm,其次为 406nm[16]。

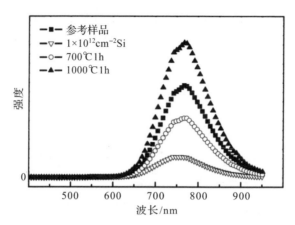

图 6.29 纳米 Si 结构的荧光光谱

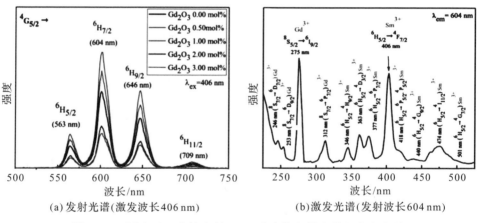

(a) 发射光谱(激发波长 406 nm)　　　　(b) 激发光谱(发射波长 604 nm)

图 6.30 Gd 与 Sm 共掺杂的 ZBT 玻璃的发射光谱和激发光谱

图 6.31 为电子束烧结的 $SrAl_2O_4:Eu,Dy$ 长余辉发光材料的发射光谱和激发光谱,可见最佳激发波长为 435nm[17]。

6.3.7　判断受激辐射现象

图 6.32 为超薄壁 ZnO 纳米管在不同激发功率下的荧光光谱[18]。当入射光功率大于等于 5.05mW 时,出现很窄的尖峰,且随着入射光功率进一步增大,尖峰越来越明显,出现受激辐射(激光)现象,如图 6.32(a)所示。由激光强度随激发功率之间的关系可知,当激发功率大于 5.5mW 时斜率明显增大,如图 6.32(b)所示。

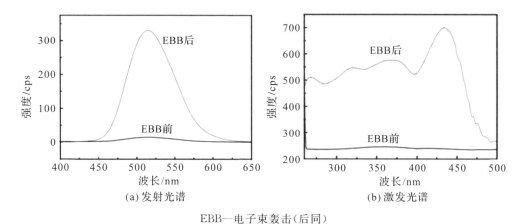

(a) 发射光谱　　　(b) 激发光谱

EBB—电子束轰击(后同)

图 6.31　SrAl$_2$O$_4$:Eu,Dy 长余辉发光材料的发射光谱和激发光谱

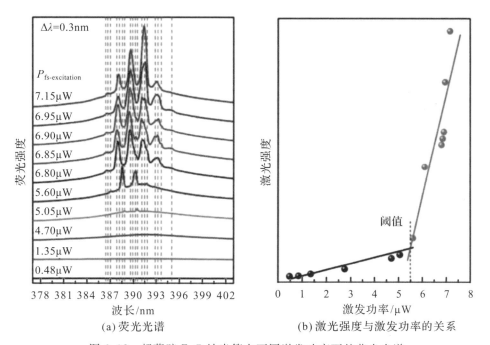

(a) 荧光光谱　　　(b) 激光强度与激发功率的关系

图 6.32　超薄壁 ZnO 纳米管在不同激发功率下的荧光光谱

这表明受激激光辐射的强度迅速增大,因此 5.05mW 为受激辐射的阈值。其大小决定了激光辐射的难易程度。

6.3.8　确定发光的余辉时间

在测量荧光发射光谱时,固定出射单色器的波长,在关掉激发光源的情况下记录荧光强度随时间的变化,即可获得荧光强度随时间变化的曲线,一般称为余辉曲线。余辉时间的长短与很多因素有关,如电子在激发态的寿命,材料中杂质、缺陷的密度,是否存在电子陷阱和复合中心等。

ZnO 纳米棒的荧光光谱和对应的余辉曲线如图 6.33 所示。对于晶体质量不高的材料(如存在大量杂质和缺陷的材料),荧光的余辉时间一般很短。但是,对于高质量晶体(如高纯硅),余辉时间可以长达数毫秒甚至更长。

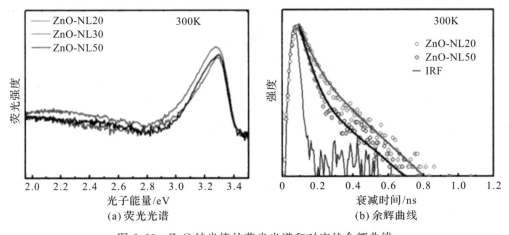

(a) 荧光光谱　　　　　　　(b) 余辉曲线

图 6.33　ZnO 纳米棒的荧光光谱和对应的余辉曲线

普通材料的余辉时间一般非常短,但是有一类材料余辉时间特别长(可以长达数小时甚至更长),称其为长余辉发光材料。由于其中存在电子陷阱,余辉时间可以很长,如掺 Dy 和 Eu 的铝酸锶长余辉发光材料,其相应余辉时间可达 10h 以上。图 6.34 为本书作者测得的铝酸锶长余辉发光材料的荧光光谱和余辉曲线,余辉时间长达 12h[17]。

6.3.9　判断晶体质量

荧光光谱的余辉时间与杂质即晶体缺陷有关。例如沉积在蓝宝石上的 ZnO 薄膜的余辉时间比沉积在 GaAs 上的 ZnO 薄膜要长得多(图 6.35)。这说明,沉积在蓝宝石上的 ZnO 的晶体质量比沉积在 GaAs 衬底上的 ZnO 更好[19]。

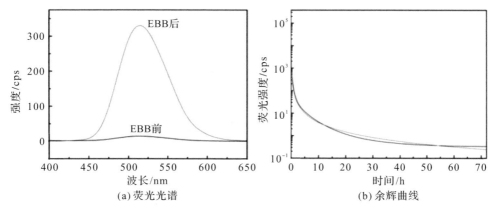

图 6.34 铝酸锶长余辉发光材料的荧光光谱和余辉曲线

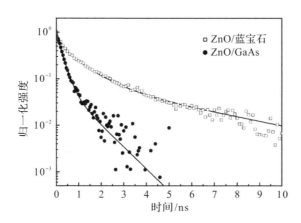

图 6.35 沉积在蓝宝石和 GaAs 衬底上的 ZnO 薄膜的余辉曲线

　　如果荧光光谱中存在杂质缺陷发光峰(或发光带),则也可以通过杂质缺陷发光峰的相对强度判断晶体质量的好坏。例如 ZnO 的发光除了带边辐射外,还常常伴有绿光辐射。绿光辐射被认为与杂质和缺陷有关。因此,由绿光辐射强度,可定性判断 ZnO 晶体中的杂质缺陷浓度。图 6.36 为两个 ZnO 样品的荧光光谱,可见样品 b 的杂质缺陷发光峰的相对强度明显小于样品 a,因此样品 b 的晶体质量比样品 a 更好[20]。

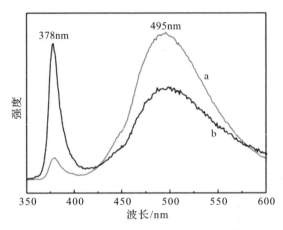

图 6.36   两个 ZnO 样品的荧光光谱

参考文献

［1］季振国.半导体物理［M］.杭州：浙江大学出版社,2005.

［2］Ji Z G,Liu K,Yang C X, et al. Structural, optical and electrical properties of ZnO thin films prepared by reactive deposition［J］. Journal of Crystal Growth,2003,253(1-4):246-251.

［3］Patel A P, Yadav A D, Dubey S K. FTIR and RBS study of ion-beam synthesized buried silicon oxide layers［J］. Nuclear Instruments & Methods in Physics Research Section B-Beam Interactions with Materials and Atoms,2008,266(8):1443-1446.

［4］Halsall M P, Zheng W M, Harrison P, et al. Infrared absorption of the principal infrared-active transitions of beryllium acceptors confined in GaAs quantum wells with AlAs barriers, recorded at a sample temperature of 4K［J］. Journal of Luminescence,2004,108(1-4):181-184.

［5］Teklemichael S T, McCluskey M D, Buchowicz G, et al. Evidence for a shallow Cu acceptor in Si from infrared spectroscopy and photoconductivity［J］. Physical Review B,2014,90(16):165204.

［6］丁文革,苑静,李文博,等.基于反射和透射光谱的氢化非晶硅薄膜厚度及光学常量计算［J］.光子学报,2011,40(7):1096-1099.

［7］季振国,冯丹丹,席俊华,等.利用 HRXRD 和 UV-Vis 反射光谱确定 AlGaN/GaN/Al$_2$O$_3$ 的结构与成分［J］.材料科学与工程学报,2008,26(3):325-327.

［8］Lopez R, Gomez R. Band-gap energy estimation from diffuse reflectance measurements on sol-gel and commercial TiO$_2$：a comparative study［J］. Journal of sol-gel Science and Technology,2012,61(1):1-7.

［9］傅佳意,毛启楠,沈冬冬,等.利用漫反射光谱研究 SrAl$_2$O$_4$ 长余辉材料中 Dy^{3+} 和 Eu^{2+} 相关陷阱能级［J］.材料科学与工程学报,2018,36(18):898-902.

[10] Lv J P, Li C D, Chai Z Y. Defect luminescence and its mediated physical properties in ZnO[J]. Journal of Luminescence,2019,208:225-237.

[11] He Y N, Zhang J W, Yang X D, et al. Preparation and characteristics of the wide gap semiconductor $Mg_{0.18}Zn_{0.82}O$ thin film by L-MBE[J]. Microelectronics Journal,2005,36(2):125-128.

[12] Cerqueira M F, Losurdo M, Stepikhova M, et al. Photoluminescence of nc-Si:Er thin films obtained by physical and chemical vapour deposition techniques: The effects of microstructure and chemical composition[J]. Thin Solid Films,2009,517(20):5808-5812.

[13] Liu C Y,Zhang B P,Binh N T, et al. Temperature dependence of structural and optical properties of ZnO films grown on Si substrates by MOCVD[J]. Journal of Crystal Growth,2006,290(2):314-318.

[14] Hu S P,Yan Y Z,Wang Q, et al. Optimized optical vapor supersaturated precipitation for time-saving growth of ultrathin-walled ZnO single-crystal microtubes[J]. Journal of Crystal Growth,2018,498:25-34.

[15] Serincan U, Kulakci M, Turan R, et al. Variation of photoluminescence from Si nanostructures in SiO_2 matrix with Si^+ post implantation[J]. Nuclear Instruments & Methods in Physics Research Section B-Beam Interactions with Materials and Atoms,2007,254(1):87-92.

[16] Sangwaranatee N, Yasaka P,Rajaramakrishna R, et al. Photoluminescence properties and energy transfer investigations of Gd^{3+} and Sm^{3+} co-doped $ZnO/BaO/TeO_2$ glasses for solid state laser application[J]. Journal of Luminescence,2020,22:117275.

[17] Ji Z G, Tian S, Chen W K, et al. Enhanced long lasting persistent luminescent $SrAl_2O_4$:Eu, Dy ceramics prepared by electron beam bombardment[J]. Radiation Measurements,2013,59:210-213.

[18] Wang Q, Yan Y Z, Qin F F, et al. A novel ultra-thin-walled ZnO microtube cavity supporting multiple optical modes for bluish-violet photoluminescence, low-threshold ultraviolet lasing and microfluidic photodegradation[J]. NPG Asia Materials,2017,9:e442.

[19] Bang K H, Hwang D K, Jeong M C, et al. Comparative studies on structural and optical properties of ZnO films grown on c-plane sapphire and GaAs(001)by MOCVD[J]. Solid State Communications,2003,126(11):623-627.

[20] Wang S L, Zhu H W, Tang W H, et al. Propeller-shaped ZnO nanostructures obtained by chemical vapor deposition: photoluminescence and photocatalytic properties [J]. Journal of Nanomaterials,2012(2):594290.

第 7 章　电学性能测量

7.1　导电类型测量

半导体材料根据掺杂情况可分为本征、P 型和 N 型三类。本征半导体材料内部没有施主型和受主型杂质或缺陷,因此导带电子浓度和价带空穴浓度相等;P 型半导体材料内部掺有受主,或者受主浓度大于施主浓度,因此导电以空穴为主;N 型材半导体材料内部掺有施主,或者施主浓度大于受主浓度,所以导电以导带电子为主。半导体材料和器件的性能与半导体材料的导电类型有很大的关系,因此需要测量半导体材料的导电类型。

7.1.1　热电势法

用热电势法(图 7.1)测量半导体材料的导电类型时,在半导体材料上放置两个温度不同的金属探针,一个探针一般为室温,另一个探针的温度高于室温(热探针)或低于室温(冷探针)。由于载流子在热场的驱动下向温度低的方向扩散,因此不管是 P 型还是 N 型半导体材料,载流子的扩散方向是相同的,即空穴或电子都向温度较低的冷探针方向扩散,这就导致冷热端产生电势差,即所谓的热电势。由于空穴和电子所带的电荷极性相反,在冷端积累的电荷极性也相反,因此电势差的极性即可反映出材料的导电类型。对于 P 型半导体材料,空穴在冷端积累,因此冷探针相对热探针为正;对于 N 型半导体材料,电子在冷端积累,因此冷探针相对热探针为负。如果在两个探针之间接上电流表,我们也可以通过电流方向确定导电类型。

一般情况下,冷探针为室温,热探针通过加热高于室温。但是对于窄带半导体材料,由于高温下材料容易进入本征激发状态,因此可以将室温下的探针作为热探针,将经冷却后低于室温的探针作为冷探针,以避免材料进入本征激发状态。

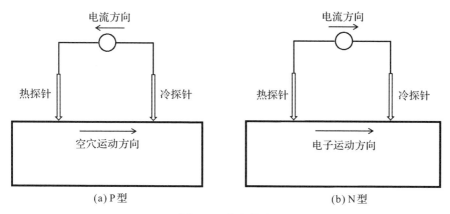

(a) P 型

(b) N 型

图 7.1　热电势法

7.1.2　整流法

半导体材料与金属材料接触时往往会形成肖特基势垒(Schottky barrier),它相当于一个二极管,因此具有单向导电的特性[1]。用整流法(图 7.2)测量半导体材料的导电类型时,在半导体材料上放置两个电极,一个为欧姆接触(ohmic contact),另一个为肖特基势垒。在两个电极之间施加交流电,肖特基势垒的整流作用使得两个探针之间存在直流压降。对于 P 型半导体材料,肖特基势垒对应的探针为正;而对于 N 半导体材料,肖特基势垒对应的探针为负。由此可以判断半导体材料的导电类型。

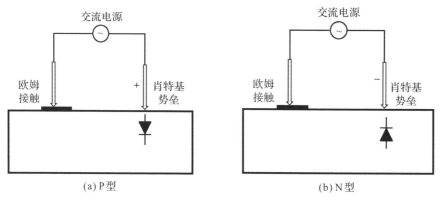

(a) P 型

(b) N 型

图 7.2　整流法

欧姆接触可以通过打磨探针下的半导体表面形成,更可靠的方法是打磨后再在半导体材料表面焊上 SnIn 合金等材料形成欧姆接触。为了确保欧姆接触,实验中可以在样品表面制备两个触点,通过测量两个触点之间的直流电流-电压(I-V)曲线判断欧姆接触是否形成。如果 I-V 曲线为一通过原点的直线,则这两个触点都为欧姆接触,否则就存在肖特基势垒,需要重新制作触点,直到测量到的 I-V 曲线为经过原点的直线(图 7.3)。

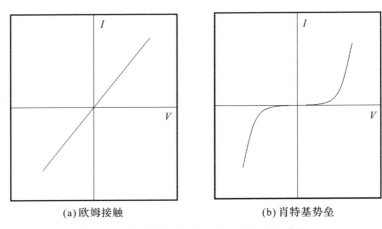

(a) 欧姆接触　　　　　　　　(b) 肖特基势垒

图 7.3　欧姆接触和肖特基势垒的 I-V 曲线

另外,由于不同的半导体材料(本征)的功函数各不相同,因此需要选择合适的金属或合金材料制作探针,以便形成肖特基势垒和欧姆接触。

7.1.3　霍尔效应法

当一片状的半导体材料两端施加直流电场,并在垂直于半导体材料表面的方向施加直流磁场时,可以在半导体材料的两个侧面测量到电势差,由此产生所谓的霍尔效应(Hall effect)(图 7.4)。

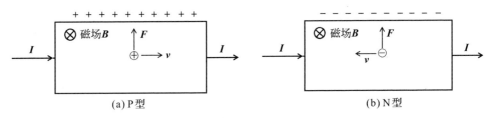

(a) P 型　　　　　　　　　　　　(b) N 型

图 7.4　霍尔效应

直流电流 I 流过样品,直流磁场 B 垂直于电流和样品表面向内。在直流电场和直流磁场的共同作用下,载流子受到洛伦兹力,即

$$F = qv \times B \qquad (7.1)$$

式中,q 为载流子的电荷,v 为载流子的速度,B 为磁感应强度。对于 P 型半导体材料,载流子是空穴,$q = e$,v 与电流 I 方向相同,因此受到的洛伦兹力向上;而对于 N 型半导体材料,载流子是电子,$q = -e$,v 与电流 I 方向相反,因此受到的洛伦兹力也向上。所以不管是哪种类型的半导体材料,电子和空穴都在半导体材料的上侧面积累。积累的电荷产生霍尔电场,在上下侧面之间形成电压差。只要测量半导体材料上下侧的电压差,就可以确定上侧面积累的电荷种类,由此确定半导体材料的导电类型。

7.2 电阻率测量

普通导电材料的电阻可以用欧姆表或万用表(即二探针法)测量。但是一般情况下,金属探针与半导体材料的功函数不同,故金属/半导体界面一般都会存在电子势垒或空穴势垒,这就导致金属探针与半导体材料之间构成肖特基势垒。两个探针与半导体材料形成两个反向放置的二极管(图 7.5),用二探针法测量电阻率时,两个肖特基势垒中始终只有一个处于导通状态,另一个处于反向偏置状态而不导通,因此测得的电阻值偏大。所以半导体材料的电阻率不能用万用表、欧姆表等二探针法测量[1],而要用四探针法测量。

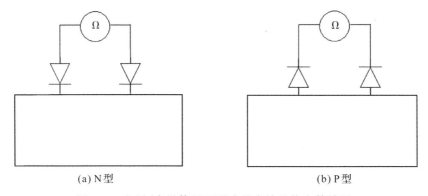

(a) N 型   (b) P 型

图 7.5 金属/半导体界面形成的肖特基势垒等效图

7.2.1 四探针法

用四探针法(图 7.6)测量电阻率的装置及电流密度分布时,在一直线上等间隔地放置四个小探针 1、2、3、4。在探针 1、4 之间加上较大电压,使得其中反向偏置的肖特基势垒击穿,因而有电流流过探针 1、4;在探针 2、3 之间测量电压。

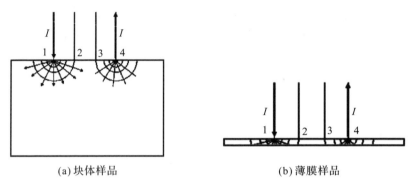

(a)块体样品 (b)薄膜样品

图 7.6 四探针法

假设探针之间的距离为 l,流过探针 1、4 之间的电流为 I,探针 2、3 之间的电压差为 $V_{2,3}$。

对于块体样品,探针下面的电流密度分布为半球形,由此可以得出半导体材料的电阻率为

$$\rho = 4\pi l \frac{V_{2,3}}{I} \qquad (7.2)$$

对于薄膜样品,探针下面的电流密度分布为圆环形,若薄膜的厚度远远小于探针间的距离,则电阻率为

$$\rho = \frac{2\pi l}{\ln 2} \frac{V_{2,3}}{I} \qquad (7.3)$$

四探针法避免了金属探针与半导体材料之间由肖特基势垒引起的整流现象,因此可以测得正确的电阻率。但是,四探针法要求样品尺寸远远大于探针之间的距离。

由于光电材料与器件工艺中大量采用薄膜沉积技术,因此经常要测量薄膜的导电情况。对于导电薄膜,实际上我们经常用薄膜的方块电阻(square resistance)衡量薄膜的导电性能。

方块电阻又称薄层电阻(sheet resistance),就是一个正方形形状的薄膜样品

相对的两边之间测量到的电阻值(图 7.7)。方块电阻是衡量薄膜导电性能的一个综合性参数,一般的四探针电阻测试仪上均带有测量方块电阻的功能。

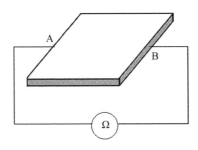

图 7.7　方块电阻

对于边长为 a、厚度为 d 的薄膜方块,A、B 两边之间的方块电阻 R_{sheet} 为

$$R_{\text{sheet}} = \rho \frac{a}{ad} = \frac{\rho}{d} \tag{7.4}$$

式中, ρ 为薄膜的电阻率。可见薄膜的方块电阻与测量时的边长无关。如果薄膜的电阻率是已知的,我们可以倒过来计算薄膜的厚度。

7.2.2　感应电流法

四探针法虽然解决了探针与半导体材料之间存在的势垒问题,但是需要把探针压在半导体材料表面,这会造成半导体材料表面损伤。为了避免这个问题,可以用感应电流法(图 7.8)测量半导体材料的电阻率。

线圈

半导体

图 7.8　感应电流法

当对靠近导体或半导体表面的感应线圈通以高频交流电流时,半导体表面会感应出涡流(eddy current)。涡流的大小反过来会影响线圈,使流过线圈的电流发

生变化。涡流与材料的电导率直接相关,电导率越大,涡流也越大。因此,可以通过测量线圈中的电流变化,间接测量半导体材料的电阻率。由于测量时线圈与半导体表面并不接触,因此感应电流法是一种非破坏性测量法。

7.2.3　注意事项

由于半导体材料的电学性能与温度有关,因此半导体材料电学性能的测量必须在规定的温度条件下进行。另外,由于用四探针法和感应电流法测量时均有电流在样品中流动,过大的电流将导致探针下面的样品局部发热,因此应尽量用较小的电流进行测量,测量时间也不要过长,以免样品在测量过程中温度升高而导致电阻率发生变化。

7.3　载流子浓度测量

7.3.1　霍尔效应法

由第 7.1 节导电类型测量,我们知道载流子受到洛伦兹力的作用而积累在半导体材料侧面并形成霍尔电场。在平衡状态下,洛伦兹力与霍尔电场产生的电场力相等,即

$$E_H = vB \qquad (7.5)$$

以下以 N 型半导体材料为例进行说明。设载流子浓度为 n,流过样品的电流密度为 j,因为 $j = nev$,则式(7.5)可以改写为

$$E_H = \frac{1}{ne} jB \qquad (7.6)$$

式中,j、B 是实验确定的,e 是已知的,因此通过测量样品两侧霍尔电场的大小,即可得到载流子浓度。假设样品两侧面间的距离为 d,测得的电压差为 V_H,则载流子浓度为

$$n = \frac{d}{V_H e} jB \qquad (7.7)$$

与电阻率测量一样,载流子浓度的测量也必须在规定的温度条件下进行,并尽量用较小的电流和较短的时间进行测量,以免样品在测量过程中温度升高而导致载流子浓度发生变化。

7.3.2　通过测量施主、受主浓度确定

如果我们能够通过 SIMS 或其他方法直接测量出材料中施主杂质或受主杂质的浓度，并假定施主和受主 100％电离，则可以通过施主杂质或受主杂质的浓度推得载流子浓度。不过，在很多情况下，原生半导体材料的载流子浓度并不一定等于掺入杂质的浓度，例如 Si 单晶中有 O 原子引起的热施主、新施主及其他杂质、缺陷引起的施主或受主，因此，简单地通过微量杂质元素的浓度分析得到的结果并不一定能代表真实的载流子浓度。

7.4　载流子迁移率测量

7.4.1　通过载流子浓度和电阻率确定

由于电导率 σ 与载流子浓度 n、载流子迁移率 μ 之间存在以下关系：

$$\sigma = ne\mu \tag{7.8}$$

因此，可以得到载流子的迁移率为

$$\mu = \frac{\sigma}{ne} \tag{7.9}$$

实际上，霍尔效应测试仪可同时测量材料的电阻率和载流子浓度，因此可以通过式(7.9)给出载流子的迁移率。

不过，用霍尔效应法进行测量时，一般要求探针与样品之间的接触为欧姆接触，否则测得的电导率数据不可靠，这会导致迁移率数据也不可靠。因此，测量时应该注意 I-V 曲线是否为经过原点的直线，否则应该重新调整探针，直到 I-V 曲线为经过原点的直线。

7.4.2　漂移时间法

漂移时间法中较为常用的海恩斯-肖克莱(Haynes-Schockley)法，是指利用非平衡载流子的扩散、迁移和复合，描述载流子的运动与分布情况。可以证明，非平衡少数载流子(minority carrier，简称少子)的浓度分布与扩散系数、迁移率、少子寿命有关，因此，测量非平衡少子的浓度分布情况，即可得到以上有关参数[1]。

以下以 N 型半导体材料为例进行说明。如图 7.9 所示，脉冲发生器在注入点

施加电脉冲,产生的少子在电场作用下向右运动,并被右边的抽出点抽出,信号经放大后被送入数据处理系统。

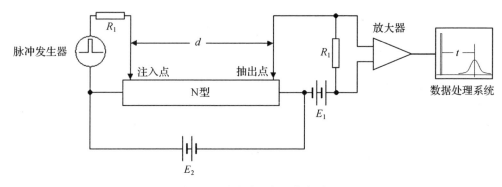

图 7.9　海恩斯-肖克莱实验

假设少子注入点与抽出点之间的电压差为 V,两者的距离为 d,则注入点与抽出点之间的电场强度为 V/d,少子的漂移速度为

$$v = \mu E = \frac{V}{d}\mu \tag{7.10}$$

假设从施加脉冲开始到少子信号峰值到达抽出点所需的时间为 t,即少子从注入点运动到抽出点所需的时间为 t,则

$$t = \frac{d}{v} = \frac{d^2}{V\mu} \tag{7.11}$$

最后,我们得到少子的迁移率为

$$\mu = \frac{d^2}{Vt} \tag{7.12}$$

这种测量方法由海恩斯和肖克莱首先在锗单晶上试验成功。但是由于载流子的寿命很短,且衰减导致到达抽出点的信号很小,因此这种方法对实验装置的要求较高。随着微机电系统技术的发展以及检测技术的提升,这种测量方法变得越来越可行。

漂移时间法也可以用光子激发,即图 7.9 中的脉冲发生器可以用脉冲光发生器(如脉冲激光器)代替,但是要求光子的能量大于禁带宽度。注入点在光脉冲的激发下产生电子-空穴对,其中少子在内部电场的作用下向抽出点迁移并最终被收集。

7.5　载流子扩散系数测量

7.5.1　海恩斯–肖克莱法

在用海恩斯–肖克莱法测量载流子迁移率的装置中,我们通过注入的载流子从注入点运动到抽出点所需的时间,得到载流子的迁移率。实际上,该方法也可以用来测量载流子的扩散系数。由于注入的载流子在漂移过程中还会不断扩散,因此原先很窄的少子脉冲会因载流子扩散而逐渐变宽。由理论推导可得,同时考虑迁移和扩散的非平衡载流子浓度随时间的变化可描述为

$$\Delta p = \Delta p_0 e^{-\frac{(x-\mu E t)^2}{4Dt}} \tag{7.13}$$

式中,Δp_0 为注入点非平衡少子的浓度,Δp 为离开注入点 x 处非平衡载流子的浓度,D 为少子的扩散系数。可见少子的扩散形状为高斯峰型,而高斯峰型的 FWHM 与指数中的分母有关,即扩散峰的 FWHM(W)为

$$W = 4\sqrt{\ln 2 D t} \tag{7.14}$$

所以

$$D = \frac{W^2}{16t\ln 2} \tag{7.15}$$

因此,只要测出扩散到抽出点时少子峰的宽度 W,即可得到少子的扩散系数。

7.5.2　表面光电压法

用表面光电压法测量载流子扩散系数的原理十分简单,即通过光照测量半导体材料两个表面间产生的电压来获得少子扩散系数。

用表面光电压法(图 7.10)测量载流子扩散系数时,以一束能量大于半导体材料禁带宽度的单色光照射到半导体材料的上表面,使其内部产生电子–空穴对。一般情况下,半导体材料的电子和空穴的迁移率相差较大,而且半导体材料表面附近产生的电子和空穴将被自建电场分离,因而形成光生电压,即表面光电压。

半导体材料表面光电压的公式推导过程十分复杂,我们在这里直接引用他人的结果[2]。可以证明,在光照稳定的情况下,半导体材料表面的光生电流 j 与光照强度 Φ 之间存在以下关系:

$$\Phi = \frac{j}{eL}\left(L + \frac{1}{\alpha}\right) \tag{7.16}$$

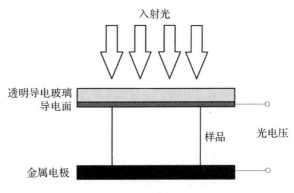

图 7.10　表面光电压法

式中,α 为入射光在半导体材料中的吸收系数,e 为电子电荷。

　　须注意,式(7.16)中的吸收系数 α 与入射光的波长相关,实验时改变入射光的波长即可改变吸收系数 α。若调节光照强度 Φ,使光生电流 j 保持不变,则式(7.16)右边括号外的部分是与波长无关的常数。

　　如果以 $1/\alpha$ 为横坐标,以光照强度 Φ 为纵坐标,则式(7.16)代表一条直线。当外推到 $\Phi=0$ 时,横坐标截距的绝对值就是扩散长度(图 7.11)。

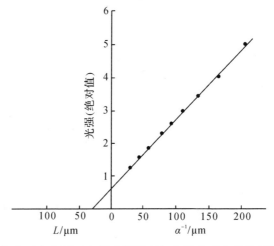

图 7.11　恒定表面光电压下入射光照强度与入射光吸收系数倒数之间的关系

　　表面光电压法是表征半导体材料少子扩散系数的标准方法。它是一种稳态的测量方法,避免了少子参数测量时各种复合因素对扩散长度测试结果的影响,对样品表面的处理要求不高,但是要事先知道不同波长时材料的吸收系数。

7.6 少子寿命测量

7.6.1 直流光电导法

用直流光电导法(图 7.12)测量非平衡载流子寿命时,半导体材料中通过恒定的电流,以一束能量大于半导体材料禁带宽度的光激发产生电子-空穴对,然后突然关断光源,如此便可通过半导体材料两端电压的变化确定半导体材料的少子寿命。

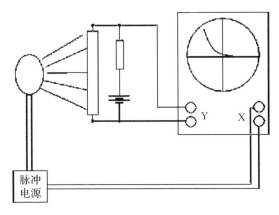

图 7.12 直流光电导法

撤除光照后,半导体材料中的非平衡载流子浓度随时间呈指数衰减[1]。假定材料为 N 型,则非平衡载流子浓度按指数衰减,即

$$\Delta p = \Delta p_0 e^{-t/\tau} \tag{7.17}$$

式中,Δp_0 为激发源刚被撤去时的非平衡载流子浓度。假设载流子的迁移率在光照前后保持不变,则光照引起的电导率变化与载流子浓度变化之间存在正比关系,即

$$\Delta \sigma = \Delta n e(\mu_n + \mu_p) = \Delta p e(\mu_n + \mu_p) \tag{7.18}$$

式中,$\Delta \sigma$ 为光电导率,μ_n 和 μ_p 分别为电子和空穴的迁移率。

不难证明,只要通过半导体材料的电流保持恒定,则电导率的变化 $\Delta \sigma$ 与半导体材料两端的电压变化 ΔV 之间存在以下关系:

$$\Delta \sigma \propto \Delta V = \Delta V_0 e^{-t/\tau} \tag{7.19}$$

7.6.2　交流光电导法

用直流光电导法测量少子寿命时,需要在样品表面沉积电极,这是一种破坏性测试。因此,在直流光电导法的基础上发展出了交流/微波光电导法。用微波光电导法测量少子寿命的基本原理与直流光电导法基本相同,不再赘述。

7.6.3　表面光电压法

由于少子的扩散长度 L 与少子的扩散系数 D、少子寿命 τ 相关,即 $L=\sqrt{D\tau}$,因此,如果已知扩散系数,则通过表面光电压法获得的扩散长度 L,可以间接获得少子寿命 $\tau=L^2/D$。另外,由于扩散系数 D 和迁移率 μ 之间存在爱因斯坦关系式 $D/\mu=kT/e$,所以扩散系数 D 也可以通过迁移率 μ 获得,也就是说,可以通过扩散长度 L 和迁移率 μ 得到少子寿命 $\tau=\dfrac{L^2 e}{kT\mu}$。

7.7　禁带宽度测量

7.7.1　电导率-温度法

由半导体物理学知识可知,本征半导体材料的载流子浓度与禁带宽度之间存在以下关系:

$$n_i^2 = N_C N_V e^{-\frac{E_g}{kT}} \tag{7.20}$$

式中,n_i 为载流子浓度,N_C 为导带有效状态密度,N_V 为价带有效状态密度,E_g 为禁带宽度,k 为玻尔兹曼常数,T 为温度。因此,

$$\ln n_i = \frac{1}{2}\ln(N_C N_V) - \frac{E_g}{2kT} \tag{7.21}$$

一般情况下,在测定的温度范围内,$\ln(N_C N_V)$ 随温度变化相比式(7.21)右侧第一项缓慢得多,可以近似为常数 C,可得

$$\ln n_i = -\frac{E_g}{2kT} + C \tag{7.22}$$

因此,原则上只要测量出两个以上温度点的载流子浓度,就可以确定禁带宽度 E_g。在实际操作中,为减小测量误差,一般在多个温度点测量材料的电导率,然后以 $(kT)^{-1}$ 为横坐标,以 $\ln n_i$ 为纵坐标,则对应的直线斜率的 2 倍即为 E_g。

本征 GaAs、Si、Ge 单晶材料的 $\ln n_i\text{-}(kT)^{-1}$ 曲线如图 7.13 所示,可以看出三者均呈很好的线性[1]。从三条直线的斜率来看,GaAs 对应的直线斜率最大,Si 次之,Ge 最小,这与三种材料的禁带宽度大小完全对应。

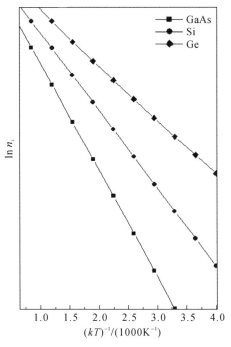

图 7.13　本征 GaAs、Si、Ge 单晶材料的 $\ln n_i\text{-}(kT)^{-1}$ 曲线

电导率-温度法要求材料为本征半导体,或者材料处于温度较高的本征激发状态,此时施主和受主的影响可以忽略,因为在本征激发状态下,本征载流子浓度远远大于施主或受主产生的载流子浓度。

7.7.2　吸收光谱法

对于透明的半导体材料,我们可以通过吸收光谱法测量半导体材料的禁带宽度。这种方法无须制作电极,也无须在测量中改变温度,而且测量过程对样品没有损伤,但是要求材料在禁带宽度附近的波段透光。

(1)直接能带半导体材料

对于直接能带半导体材料,吸收边附近的 Tauc 方程为

$$
\begin{cases}
\alpha h\nu \propto (h\nu - E_g)^{1/2}, & h\nu \geqslant E_g \\
\alpha = 0, & h\nu < E_g
\end{cases}
\tag{7.23}
$$

式中，α 为材料的吸收系数，d 为样品的厚度，h 为普朗克常数，$h\nu$ 为光子的能量。

式（7.23）可改写为

$$
(\alpha h\nu)^2 \propto h\nu - E_g
\tag{7.24}
$$

因此，以 $(\alpha h\nu)^2$ 为纵坐标，以 $h\nu$ 为横坐标，在吸收边附近线性拟合，即可由直线与横坐标的截距获得禁带宽度。图 7.14 为掺 Sb 的 ZnO 薄膜吸收边附近的 $(\alpha h\nu)^2 \propto (h\nu - E_g)$ 曲线及拟合结果[3]。

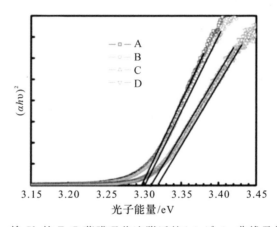

图 7.14　掺 Sb 的 ZnO 薄膜吸收边附近的 $(\alpha h\nu)^2$-$h\nu$ 曲线及拟合结果

在利用吸收光谱法获取禁带宽度的数值时，需要注意拟合直线的起始点选取要合理。如果禁带内存在较强的杂质、缺陷引起的带尾态，则必须扣除带尾态对吸收强度的影响。因为 Tauc 方程适用的前提是测量到的吸收是本征激发（价带-导带）引起的。

图 7.15 为一个没有正确处理数据的实例。如图 7.15(a)所示，通过直线拟合得出禁带宽度为 3.12eV，这明显比正常的 ZnO 禁带宽度小。仔细分析后可知存在两个问题。首先，直线的上部与实验数据拟合得不够好，存在明显的偏差。对此进行改进后，我们得到的禁带宽度为 3.25eV，如图 7.15(b)所示。其次，可以看出从光子能量 2.0eV 开始，吸收就开始增强，这说明存在明显的带尾态。把带尾态外拓到高能量端，其与曲线的交点即对应禁带宽度。或者，也可以从实验曲线上扣除带尾态的拓展段，再从横坐标的截距得到禁带宽度。我们得到的禁带宽度

为 3.32eV,如图 7.15(c)所示,这与他人报道的 ZnO 禁带宽度值基本一致。

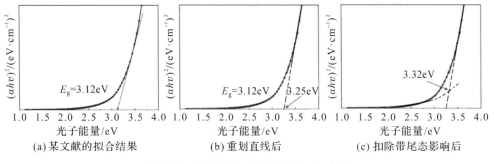

图 7.15　某 ZnO 薄膜的 $(\alpha h\nu)^2$-$h\nu$ 曲线

因此,在利用 Tauc 方程计算禁带宽度时,必须注意两个拟合端点的选取,并扣除带尾态影响,否则非常容易得到错误的结果。

(2)间接能带半导体材料

对于间接能带半导体材料,吸收边附近的 Tauc 方程为

$$\begin{cases} \alpha=0, & h\nu < E_g - \hbar\omega_q \\ \alpha=A\dfrac{(h\nu-E_g+\hbar\omega_q)^2}{\mathrm{e}^{\frac{\hbar\omega_q}{kT}}-1}, & E_g-\hbar\omega_q < h\nu < E_g+\hbar\omega_q \\ \alpha=A\dfrac{(h\nu-E_g+\hbar\omega_q)^2}{\mathrm{e}^{\frac{\hbar\omega_q}{kT}}-1}+B\dfrac{(h\omega-E_g-\hbar\omega_q)^2}{\mathrm{e}^{\frac{\hbar\omega_q}{kT}}-1}, & h\nu > E_g+\hbar\omega_q \end{cases} \tag{7.25}$$

式中,$\hbar\omega_q$ 为声子的能量。

一般情况下,声子的能量很小,与 E_g 相比可以忽略。因此,式(7.25)可以简化为

$$\sqrt{\alpha} \propto h\nu - E_g \tag{7.26}$$

以 $(\alpha h\nu)^{\frac{1}{2}}$ 为纵坐标,以 $h\nu$ 为横坐标,理论上应该在吸收边附近得到一条直线,该直线与横坐标的截距即禁带宽度。图 7.16 为 AlSb 材料的 $(\alpha h\nu)^{\frac{1}{2}}$-$h\nu$ 曲线[4],由横坐标的截距可得其禁带宽度约为 1.6eV。

(3)带尾态影响的消除

前面我们已讲到带尾态吸收对确定禁带宽度的影响,且可以通过简单的背景扣除消除了 ZnO 吸收谱中带尾态的影响。带尾态在非晶半导体材料及低维纳米材料体系中可能非常明显,如果禁带内存在密度很高的带尾态,则很难直接用吸收光谱法确定吸收边的位置,容易得到错误的禁带宽度值。

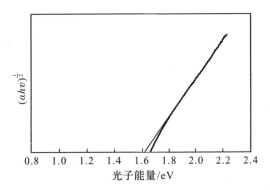

图 7.16　AlSb 材料的 $(\alpha h\nu)^{\frac{1}{2}}$-$h\nu$ 曲线

　　比较精确的做法是通过 Urbach 公式对吸收边以下的吸收谱进行拟合,即假定光子能量小于禁带宽度的吸收符合 Urbach 公式:

$$\alpha = \alpha_0 e^{\frac{h\nu}{E_0}} \tag{7.27}$$

式中,E_0 为 Urbach 参数,α_0 为常数。

　　通过式(7.27)拟合 $h\nu < E_g$ 部分的吸收谱后得到 E_0 和 α_0,再利用这两个参数把带尾态拓展到 $h\nu > E_g$,然后从吸收光谱中扣除带尾态的吸收,通过 Tauc 方程确定禁带宽度 E_g。

　　图 7.17 为通过扣除带尾态得到禁带宽度的一个实例。某纳米 ZnO 薄膜的吸收谱存在明显的带尾态吸收,因此直接利用 Tauc 方程得到的禁带宽度明显偏小。

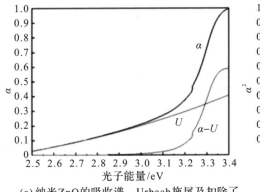

(a) 纳米 ZnO 的吸收谱、Urbach 拖尾及扣除了拖尾的吸收谱

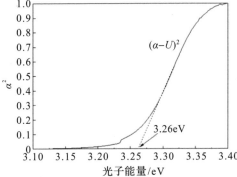

(b) 修正带尾吸收后的禁带宽度拟合结果

图 7.17　带尾态修正实例

我们按照上述方法模拟带尾态吸收 U,并在实验曲线上扣除带尾态吸收 U,得到不含带尾态吸收的 $\alpha-U$。最后以 $\alpha-U$ 取代 α,得到禁带宽度为 3.26eV,此值与大多数文献报道的一致。

7.7.3　荧光光谱法

一般情况下,激发到导带的电子在与价带空穴复合前,先进入导带底,再与价带空穴复合。由于价带空穴主要位于价带顶,因此发射的荧光能量实际上就是导带底与价带顶的能量差,即禁带宽度。与吸收光谱通过吸收边直线拟合确定禁带宽度的方法相比,荧光光谱法得到的谱峰一般很窄,而且不受带尾态的影响,因为带尾态一般不发光,即使发光也是通过最低的能级发光,因此可以在光谱上与带边辐射分开,所以荧光光谱法在禁带宽度数值的确定上比较可靠。

图 7.18 为 3 个 ZnO 样品的荧光光谱,可见 3 个样品与杂质缺陷相关的荧光辐射强度相差很大,但是带边辐射对应的峰值波长却几乎没有变化,因此 3 个样品的禁带宽度是相同的[5]。

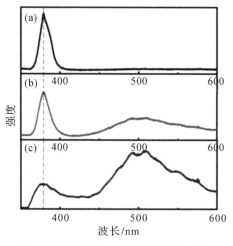

图 7.18　3 个 ZnO 样品的荧光光谱

由于存在激子、施主和受主等于价带顶或者与导带底很接近的杂质缺陷能级,因此通过室温下荧光光谱法得到的禁带宽度有可能比真实的禁带宽度略微偏小。

低温荧光光谱可以区分本征辐射和近边辐射,但是绝大多数半导体材料在低温下的禁带宽度比室温下的大,因此低温下用荧光光谱法测量得到的禁带宽度可能比室温下的大。图 7.19 为 10K 下测得的掺 Li 的 ZnO 纳米棒的荧光光谱,可见谱线中存在与激子、施主和受主相关的荧光辐射峰。其中,DAP 为电子从施主能级向受主能级的跃迁,A^0X 为束缚于激子-中性受主对应的荧光辐射,D^0X 为束缚于中性施主-激子对应的荧光辐射,FX 为自由激子对应的辐射。随着温度下降,这些荧光峰的峰值均增大,即低温下的禁带宽度比室温下的大。

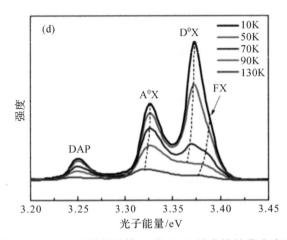

图 7.19　10K 下测得的掺 Li 的 ZnO 纳米棒的荧光光谱

　　与吸收光谱法相比,通过荧光光谱法确定禁带宽度的另外一个好处是不需要样品在所测光谱波段透明,荧光光谱法对样品制备基本没有要求,块体、粉体、纳米结构等都可以。吸收光谱法由于受到散射和反射的影响,一般要求样品为透明且表面光滑的薄膜或薄片。

7.8　能带类型测量

7.8.1　吸收光谱法

　　在吸收光谱法中,对于直接带隙和间接带隙材料,吸收边附近的吸收系数与光子波长(频率)的关系式不同,即 Tauc 方程公式(7.24)和(7.26)。反过来,我们可以根据吸收系数与光子波长(频率)的关系式,确定半导体材料的能带类型。

　　可以根据 $\ln\alpha$-$\ln(h\nu)$ 曲线在吸收边附近的斜率确定能带类型。对于直接禁带材料,吸收边附近的斜率为 0.5;对于间接禁带材料,吸收边附近的斜率为 2。

除了上述关系不同外,直接能带与间接能带对应的吸收系数也有很大差别。在吸收边附近,直接能带半导体材料的吸收系数一般比间接能带半导体材料的吸收系数大 3 个数量级左右,而且陡峭上升。因此,可以根据 $\ln\alpha$-$\ln(h\nu)$ 的斜率及吸收系数确定材料的能带类型。

7.8.2　荧光光谱法

对于直接能带半导体材料,电子从价带向导带跃迁,或者电子从导带向下跃迁到价带,几乎不需要声子的参与,因此跃迁概率很大。一般情况下,可以在室温下观测到明显的光致发光现象,且发光峰的峰值波长对应材料的禁带宽度。然而对于间接能带半导体材料,电子从价带向导带跃迁,或者电子从导带向下跃迁到价带,均需要声子的参与,因此跃迁概率很小,室温下很难观察到光致发光现象。即使在间接能带半导体材料中掺入发光中心或纳米化,使得其发光,其峰值发光波长与块体材料的禁带宽度也是不对应的。通过发光中心发光所对应的能量小于禁带宽度,而通过纳米化后的量子约束效应使得发光能量大于块体材料的禁带宽度值。

因此,如果观测不到光致发光现象,则材料很可能是间接能带半导体材料。反之,如果能够观测到很强的能量与禁带宽度一致的光致发光现象,则材料很可能是直接能带半导体材料。

7.9　杂质电离能测量

杂质电离能测量方法与禁带宽度类似,只不过杂质电离能的数值一般远小于禁带宽度,因此测量需要在较低温度下进行。

7.9.1　电导率-温度法

由半导体物理学知识可知,掺杂半导体的电导率随温度变化经历三个区域,即杂质电离区、饱和电离区和本征激发区[1],如图 7.20 所示。

以下以 N 型半导体材料为例进行分析。当温度很低时,半导体材料处于杂质电离区,此时价带电子没有足够的能量跃迁进入导带,但是施主上的电子因为离导带很近,所以可以进入导带。在这个阶段,对于 N 型半导体材料,导带的载流子浓度为

$$n = \sqrt{N_c N_d}\, e^{-\frac{E_d}{2kT}} \tag{7.28}$$

式中,N_c 和 N_d 分别为导带状态密度和施主浓度,E_d 为施主电离能。

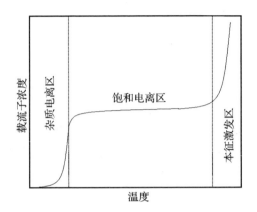

图 7.20　掺杂半导体材料的电离状态与温度的关系

与本征激发比较可知,只要把本征激发中的禁带宽度换成杂质电离能,把价带状态密度换成 N_d,则完全可以参照禁带宽度的测量方法获得杂质电离能。为了保证材料处于杂质电离状态,实验最好在低温下进行,以确保材料处于图 7.20 所示的杂质电离区。

图 7.21 为 β-FeSi$_2$ 材料的 $\ln n$-$\dfrac{1}{T}$ 曲线,通过斜率可以得出其中杂质、缺陷的电离能[6]。

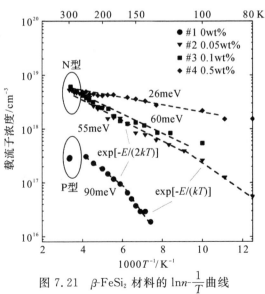

图 7.21　β-FeSi$_2$ 材料的 $\ln n$-$\dfrac{1}{T}$ 曲线

7.9.2　红外吸收光谱法

半导体材料中施主和受主的电离能一般为 0.05eV 数量级,对应远红外波段。在室温下,施主和受主杂质基本电离,受晶格热振动的影响,测量不到杂质能级对应的吸收。然而在极低温的条件下,半导体中的载流子被冻结在基态,晶格振动也可以忽略不计,此时用红外吸收光谱可以直接观测到杂质和缺陷对应的吸收。

图 7.22 为 10K 条件下掺氮直拉 p-Si 单晶的红外吸收光谱[7],从中可见 2 个 B 受主对应的吸收峰,3 个 N-O 对对应的吸收峰。光子能量与光波频率之间的关系为

$$E = \frac{1240\nu}{10^7} \tag{7.29}$$

式中,能量 E 的单位为 eV,ν 的单位为 cm^{-1}。

由此可得 B 的 2 个能级的电离能分别为 0.0304eV 和 0.0345eV,N-O 对对应的 3 个能级分别为 0.0298eV、0.030eV 和 0.0309eV。

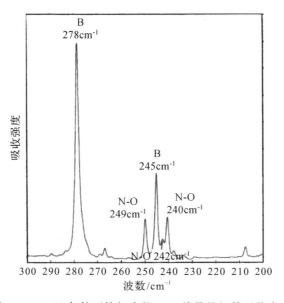

图 7.22　10K 条件下掺氮直拉 p-Si 单晶的红外吸收光谱

7.9.3　低温荧光光谱法

在低温下测量荧光光谱,可以抑制晶格振动(声子)引起的谱线展宽现象,使

辐射峰变窄,从而在能量略低于带边辐射峰的位置发现对应施主、受主、激子等相关辐射峰。图 7.23 为 4K 条件下 N 掺杂的 ZnO 荧光光谱[8]。

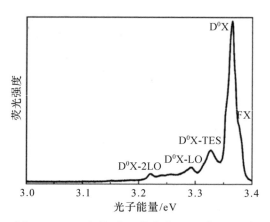

图 7.23　4K 条件下 N 掺杂的 ZnO 荧光光谱

总之,杂质、缺陷电离能的测量与禁带宽度的测量基本相同,只需注意实验必须在足够低的温度下进行。尽管用低温荧光光谱法可以得到杂质、缺陷相关的辐射,但是若要确定哪个峰究竟对应哪种杂质缺陷,则需要更深入的分析讨论。

7.10　载流子有效质量

当通以直流电的半导体材料位于磁感应强度为 **B** 的均匀直流磁场中时,假设磁场与电场垂直,则载流子受到洛伦兹力作用,即

$$\boldsymbol{F} = q\boldsymbol{v} \times \boldsymbol{B} \tag{7.30}$$

式中,q 为带电粒子的电荷,v 为带电粒子的速度,**B** 为磁感应强度,洛伦兹力的方向垂直于 v 与 **B** 所组成的平面。

由于力的方向垂直于速度,因此载流子在垂直于电流的方向做圆周运动。假设圆周运动的半径为 r,回旋频率为 ω,载流子的有效质量为 m_{eff},则稳定运动时洛伦兹力等于圆周运动的向心力,即

$$m_{\mathrm{eff}}\omega^2 R = qvB \tag{7.31}$$

可得有效质量

$$m_{\mathrm{eff}} = \frac{qB}{\omega} \tag{7.32}$$

所以,只要测量出回旋频率,就可以得到载流子的有效质量。

在具体测量时,既可以固定入射电磁波的频率,通过扫描磁感应强度获得共振吸收;也可以固定磁感应强度,通过扫描入射电磁波的频率获得共振吸收。由于改变磁感应强度相对比较容易实现,因此往往采用固定交变电磁场的频率,然后改变磁感应强度(大约为零点几特斯拉)的方法来观察共振吸收现象。

为了观察到明显的共振吸收峰,不但要求半导体样品内的杂质缺陷浓度很低,而且由于载流子回旋对应的能量 ω 很小,因此一般需要在低温下测量,以避免被载流子的热运动干扰。

图 7.24 为两个温度下 InN 薄膜的微波透过率随磁感应强度的变化曲线[9]。当 $T = 4.2K$ 时,透过率极小值所对应的磁感应强度为 $B = 8.5T$,换算成载流子有效质量为 $0.053m_0$(m_0 为自由电子静止质量);当 $T = 50K$ 时,透过率极小值所对应的磁感应强度为 $B = 10T$,换算成载流子有效质量为 $0.062m_0$。

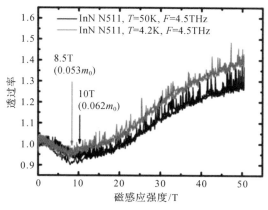

图 7.24　两个温度下 InN 薄膜的微波透过率随磁感应强度的变化曲线

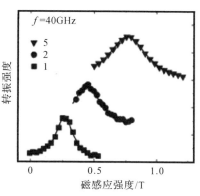

图 7.25　GaAs/Al$_x$Ga$_{1-x}$As 结构的回旋共振曲线

图 7.25 为 GaAs/Al$_x$Ga$_{1-x}$As 结构的回旋共振曲线,其中样品 1、2、5 的阱宽和 Al 含量各不相同。在量子阱中,载流子的有效质量确实与阱宽和阱深是相关的[10]。

7.11　功函数测量

功函数是光电材料的重要参数之一,对构造半导体材料同质与异质界面、量子阱、超晶格电子发射等具有重要影响。功函数的测量方法主要有光电效应法、开尔文探头法和光电子能谱法。其中,光电效应法和光电子能谱法的机理在本质上是相同的。

7.11.1 光电效应法

光电效应是指当金属材料受到紫外-可见光照射时,样品表面有电子逸出的现象(图 7.26)。爱因斯坦通过光量子解释光电效应,即把频率为 ν 的光波当成能量为 $h\nu$ 的光子流,如果光子能量 $h\nu$ 大于材料的功函数,则可以把处于费米能级的电子激发出来。因此,只要从长波长到短波长扫描入射光子的波长,探测到光电流时,该波长对应的光子能量即为材料的功函数 Φ。光电效应的测量装置如图 7.27 所示。

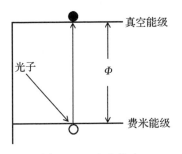

图 7.26　光电效应

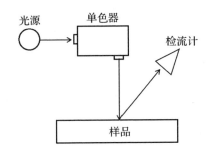

图 7.27　光电效应的测量装置

图 7.28 为 Ni 和 Ag 合金表面的光电流随波长的变化曲线,可见从波长小于 260nm 开始,光电流逐渐上升[11]。不过由此很难精确确定光电流开始出现的波长,因而很难从曲线得到功函数的精确值。

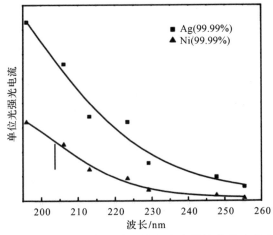

图 7.28　Ni 和 Ag 合金表面的光电流随波长的变化曲线

严格来说,光电流的强度 I 与光子能量 $h\nu$ 之间有以下关系:

$$I = M(h\nu - \Phi)^2 \tag{7.33}$$

式中,M 为与波长无关的常数,Φ 为材料的功函数。因此,

$$\sqrt{I} = \sqrt{M}(h\nu - \Phi) \tag{7.34}$$

只要测量出光电流随光子能量的变化,再画出 $\sqrt{I}$-$h\nu$ 曲线,即可由横坐标截距得到较为准确的功函数 Φ。基于图 7.28 所示数据,根据式(7.34)得出的结果如图 7.29 所示。

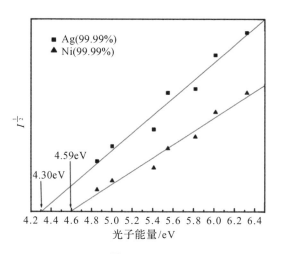

图 7.29　由 $\sqrt{I}$-$h\nu$ 曲线确定的功函数

7.11.2　开尔文探头法

光电效应法很适合测量金属材料的功函数,因为对于金属材料来说,费米能级上实实在在地存在大量电子,因此只要入射光子的能量大于功函数,就会有光电子出射。但是,对于半导体材料来说,费米能级只是一个反映电子填充情况的参考能级,它上面并没有电子存在。因此,利用光电效应法无法测量半导体材料的功函数,而开尔文探头法可以解决这个问题。

当两种功函数不同的材料接触时,电子会从功函数较小的材料转移到功函数较大的材料上去。功函数较小的材料 A 失去负电荷,表面带正电,功函数较大的材料 B 得到负电荷,表面带负电。失去电子的材料 A 费米能级下降,而得到电子的材料 B 费米能级上升。随着电子不断转移,最终两种材料的费米能级达到同一

高度,而两种材料相对的表面带上数量相等的正电或负电。两种材料构成一个经典的平板电容器。图7.30示意地给出了功函数较小的N型半导体材料A与功函数相对较大的参比材料B之间的电荷转移情况及表面带电结果。一般情况下,材料A为待测的半导体材料,参比材料B为功函数已知的金属材料。

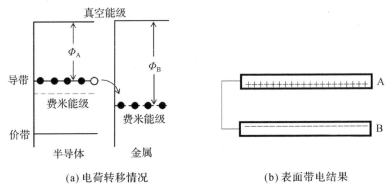

(a) 电荷转移情况　　　　　　　　(b) 表面带电结果

图7.30　电接触后的电荷转移情况及表面带电结果

如果两种材料之间的距离发生周期性振荡,由于基板上的电荷是由两种材料的功函数差决定的,与两者之间的距离无关,因此电容两端的电压也会发生周期性变化。

此时如果在电路中加入一个补偿电压U,并调节U,使其数值正好等于两种材料的功函数差,且极性相反,这样两个极板之间的电荷就会消失,极板之间距离的振荡不再引起电容两端电压的变化。

假设已知参比材料B的功函数Φ_B,则可得待测材料A的功函数为

$$\Phi_A = \Phi_B + U \tag{7.35}$$

实验时,利用电磁线圈或压电陶瓷驱动参比材料做周期性振荡,同时检测电路中流过的同频率交流电流。如果电流不为0,则调节补偿电压U,直到流过电路的交流电流为0,此时对应的电压正好等于两种材料的功函数差,等于材料的表面电势。

这种方法简单易行,而且是非破坏性测量方法。结合微探针技术和探针压电驱动扫描技术,可以扫描样品,给出二维的功函数分布图。

ZTO薄膜的功函数与厚度的关系如图7.31所示,60nm厚ZTO薄膜表面电势分布如图7.32所示[12]。须注意,薄膜表面电势加上探针的功函数,就是待测样品的功函数。

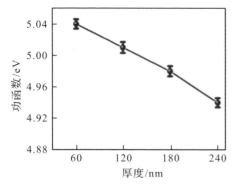

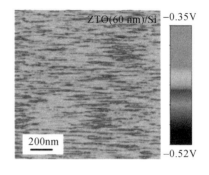

图 7.31　ZTO 薄膜的功函数与厚度的关系　　　　图 7.32　60nm 厚 ZTO 薄膜表面电势分布

7.11.3　光电子能谱法

光电子能谱的能量范围与入射光子的能量以及材料的功函数有关。一般情况下,光电子能谱的能量范围等于 $h\nu-\Phi$。XPS/UPS 中光电子的能量范围如图 7.33 所示。其中,费米边对应费米能级附近的光电子出射,截止边为光电子能谱中二次电子的截止能量。

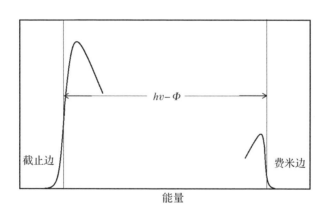

图 7.33　XPS/UPS 中光电子的能量范围

另一方面,光电子能谱的整个宽度也等于 $h\nu-\Phi$,因此,

$$h\nu-\Phi=E_{\mathrm{F}}-E_{\mathrm{cut\text{-}off}} \tag{7.36}$$

由此可得

$$\Phi=h\nu-E_{\mathrm{F}}+E_{\mathrm{cut\text{-}off}} \tag{7.37}$$

式中,E_{F} 为费米能级,$E_{\mathrm{cut\text{-}off}}$ 为二次电子的截止能量。

通过光电子能谱中谱线的整个宽度,即可由式(7.37)确定材料的功函数。

图 7.34 为 Ni 的 UPS 谱,从中可以确定费米边和截止边的能量,并由式 (7.37)得出 Ni 的功函数为 4.01eV[13]。

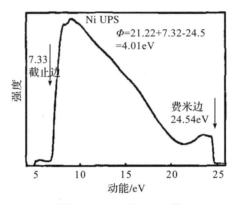

图 7.34 Ni 的 UPS 谱

由于 UPS 对结合能较小的价电子比较灵敏,电子能量分析器的精度也较高,因此测量功函数时尽量用 UPS。不过由于带有 UPS 功能的光电子能谱仪不多,因此,尽管 UPS 有更高的精度和灵敏度,很多实验是在 XPS 谱仪上进行的。

由上述介绍可知,利用光电子能谱法测量功函数时,要求费米能级上有电子,否则观测不到明确的费米边。因此,光电子能谱法也不适用于半导体材料功函数的测量。

参考文献

[1] 季振国. 半导体物理[M]. 杭州:浙江大学出版社,2005.

[2] 张治国,宿昌厚. 表面光电压法测量 a—Si:H 少子扩散长度的进一步研究[J]. 太阳能学报, 1993,4:348-356.

[3] Cheng Y, Yang K, Chen J X. Influence of substrate temperature on the optical properties of Sb-doped ZnO films prepared by MOCVD[J]. Journal of Materials Science-Materials in Electronics, 2017,28(3):2602-2606.

[4] Joginder S, Rajaram P. 2019. Single step electrode position of AlSb thin films[J]. Materials To-day-Proceedings,2019,16:636-639.

[5] Wang X H, Li R B, Fan D H. Control growth of catalyst-free high-quality ZnO nanowire arrays on transparent quartz glass substrate by chemical vapor deposition[J]. Applied Surface Science, 2011,257(7):2960-2964.

［6］Udono H，Aoki Y，Suzuki H，et al. Solution growth of n-type beta-FeSi$_2$ single crystals using Ni-doped Zn solvent［J］. Journal of Crystal Growth，2006，292（2）：290-293.

［7］Porrini M，Pretto M G，Scala R. Measurement of nitrogen in Czochralski silicon by means of infrared spectroscopy［J］. Materials Science and Engineering B-Solid State Materials for Advanced Technology，2003，102（1-3）：228-232.

［8］Huang Z，Ruan H B，Zhang H. Conversion mechanism of conductivity and properties of nitrogen implanted ZnO single crystals induced by post-annealing［J］. Journal of Materials Science-Materials in Electronics，2019，30（5）：4555-4561.

［9］Fang X F，Zheng F P，Drachenko O，et al. Determination of electron effective mass in InN by cyclotron resonance spectroscopy［J］. Superlattices and Microstructures，2019，136：106318.

［10］Zhu H，Lai K，Tsui D C，et al. Density and well width dependences of the effective mass of two-dimensional holes in (100) GaAs quantum wells measured using cyclotron resonance at microwave frequencies［J］. Solid State Communications，2007，141（9）：510-513.

［11］Akbi M，Bouchou A，Ferhat-Taleb M. Effects of surface treatments on photoelectric work function of silver-nickel alloys［J］. Vacuum，2014，101：257-266.

［12］Singh R，Dutta A，Nandi P，et al. Influence of grain size on local work function and optoelectronic properties of n-ZTO/p-Si heterostructures［J］. Applied Surface Science，2019，493：577-586.

［13］张滨孙，玉珍，王文皓. 关于用 UPS 测量功函数［J］. 物理测试，2007，25（4）：21-23.